MANEJO ECOLÓGICO
DE PRAGAS E DOENÇAS

Técnicas alternativas para a produção agropecuária e defesa do meio ambiente

COLEÇÃO AGROECOLOGIA

Dialética da agroecologia
Luiz Carlos Pinheiro Machado, Luiz Carlos Pinheiro Machado Filho

Dossiê Abrasco – um alerta sobre os impactos dos agrotóxicos na saúde
André Búrigo, Fernando F. Carneiro, Lia Giraldo S. Augusto e Raquel M. Rigotto (orgs.)

A memória biocultural
Víctor M. Toledo e Narciso Barrera-Bassols

Pastoreio Racional Voisin
Luiz Carlos Pinheiro Machado

Plantas doentes pelo uso de agrotóxicos – novas bases de uma prevenção contra doenças e parasitas: a teoria da trofobiose
Francis Chaboussou

Revolução agroecológica – o Movimento de Camponês a Camponês da ANAP em Cuba
Vários autores

Sobre a evolução do conceito de campesinato
Eduardo Sevilla Guzmán e Manuel González de Molina

Transgênicos: as sementes do mal – a silenciosa contaminação de solos e alimentos
Antônio Inácio Andrioli e Richard Fuchs (orgs.)

Um testamento agrícola
Sir Albert Howard

SÉRIE ANA PRIMAVESI

Ana Maria Primavesi – histórias de vida e agroecologia
Virgínia Mendonça Knabben

A convenção dos ventos – agroecologia em contos
Ana Primavesi

Manual do solo vivo
Ana Primavesi

Ana Primavesi

MANEJO ECOLÓGICO DE PRAGAS E DOENÇAS

Técnicas alternativas para a produção agropecuária e defesa do meio ambiente

2ª EDIÇÃO REVISADA
EXPRESSÃO POPULAR
SÃO PAULO – 2016

Copyright © 2016, by Expressão Popular

Revisão: *Odo Primavesi, Lia Urbini, Cecília da Silveira Luedemann e Virgínia M. Knabben*
Projeto gráfico, diagramação: *ZAP Design*
Capa: *Patrícia Yamamoto*
Impressão: *Paym*

```
        Dados Internacionais de Catalogação-na-Publicação (CIP)
          Primavesi, Ana
P952m       Manejo ecológico de pragas e doenças: técnicas
          alternativas para a produção agropecuária e defesa do meio
          ambiente. / Ana Primavesi.-- 2.ed. rev.—São Paulo :
          Expressão Popular, 2016.
             143 p.: il.

             Indexado em GeoDados - http://www.geodados.uem.br.
             ISBN Expressão Popular 978-85-7743-286-8

             1. Manejo ecológico. 2. Manejo de pragas. 3. Produção
          agropecuária – Técnicas alternativas. 4. Meio ambiente.
          I. Título.
                                                    CDU 632.93
       Catalogação na Publicação: Eliane M. S. Jovanovich CRB 9/1250
```

Todos os direitos reservados.
Nenhuma parte deste livro pode ser utilizada
ou reproduzida sem a autorização do Iterra e da editora.

1ª edição: editora Nobel, 1994
2ª edição revisada: Expressão Popular, setembro de 2016
7ª reimpressão: agosto de 2025

EDITORA EXPRESSÃO POPULAR
Alameda Nothmann, 806 Sala 06 e 08
CEP 01216-001 – Campos Elíseos-SP
atendimento@expressaopopular.com.br
www.expressaopopular.com.br
◧ ed.expressaopopular
◎ editoraexpressaopopular

SUMÁRIO

NOTA EDITORIAL 11
INTRODUÇÃO 13

PARTE I

O QUE É ECOLÓGICO 17
    Princípios e efeitos da agricultura convencional 21
    Conjuntos ecológicos 34
    Combate de pragas e pestes por métodos
    não agressivos à natureza 35

PARTE II

COMBATE DE PRAGAS POR MÉTODOS NATURAIS 41
    Combate integrado 43
    Feromônios 46
    Pragas e doenças e seu combate 46
    Plantas invasoras.. 66
    Plantas companheiras 68
    Proteção de grãos armazenados 69
    Cobras, repelente 70

PARTE III

CONTROLE ECOLÓGICO DE PRAGAS E PESTES 73
    O controle ecológico de pragas 76
    Como é o ecossistema nativo 79
    Como funciona a vida do solo 80
    A matéria orgânica 83
    Como são criadas pestes e pragas..................................... 88

Como se controla a vida do solo 91
A rotação e consorciação de culturas 92
O retorno da matéria orgânica e a alimentação da vida do solo ... 97
A adubação verde 98
A descompactação e permeabilização do solo 99
A adubação, a calagem e a vida do solo 100
A cobertura do solo 101
O vento e seu efeito 103
A escolha do defensivo 104
A resistência das plantas 106
O que a decadência física muda no solo 115
A nutrição vegetal equilibrada 120
Micronutrientes para equilibrar
a nutrição vegetal e aumentar a resistência 125
Como evitar pragas e doenças 128
Resumo 137
Parasitas no gado 138

BIBLIOGRAFIA CONSULTADA 141

Aos colegas maravilhosos que,
com idealismo, conhecimento e abnegação,
empenham-se na luta por uma agricultura mais
sadia, mais produtiva e mais segura, enfim
uma agricultura verdadeiramente tropical, meu
grande respeito e consideração.
Que amam a terra e tentam manejá-la segundo
as leis eternas da natureza e que, com isso,
conservam e recondicionam o meio ambiente
em que vivemos. São os construtores do lastro
sólido de progresso efetivo do Brasil, os arautos
de um futuro brilhante.

Agradeço a todos que me ajudaram a obter experiências e conseguir entender a natureza em toda sua majestosa imponência e intrínsecas inter-relações, onde, mesmo assim, os sintomas mais complexos derivam de causas simples.

Minha gratidão, também, a todos os fiéis companheiros de luta por uma agricultura mais sadia, menos arriscada e mais compensadora e que me possibilitaram ver os problemas do Brasil inteiro.

E meu muito obrigado aos dedicados amigos que tantas ideias novas me deram e tanta sutileza mostraram no trato da terra.

NOTA EDITORIAL

A Editora Expressão Popular foi agraciada, em 2015, com a cessão dos direitos para publicação das obras de Ana Maria Primavesi (a qual inclui contribuições de Artur Barão Primavesi e de seus filhos).

Doutora da ciência e da natureza, que com sua simplicidade e pioneirismo, destaca-se como figura maior na busca da harmonia entre o desenvolvimento global e a preservação dos solos, sua produtividade para a continuidade da humanidade e em defesa do "solo sadio, planta sadia, homem sadio".

Suas contribuições vêm desde meados dos anos 1950 até os dias atuais. Sua obra é marcada por: pesquisa, estudos, experiência, militância e contribuição à causa da agroecologia. Sua força está no seu conjunto. Sua identidade está materializada em textos nas mais diferentes formas em defesa da vida do solo, das plantas e da humanidade.

Os trabalhos serão republicados segundo a edição original, revisada, conservando os dados apresentados, que, mesmo que alguns livros tenham sido formulados há 60 anos, conservam a totalidade dos seus ensinamentos mais atuais do que nunca.

Não seguiremos uma ordem cronológica nas publicações, que não altera o resultado de sua laboriosa obra e detalhada exposição. Queremos deixar esse valioso legado aos nossos estudiosos e militantes da causa agroecológica.

Criamos em nossa coleção de Agroecologia a Série Ana Primavesi que identificará as suas obras.

Agradecemos à solidariedade de Ana Primavesi e de sua família ao dispor de suas obras.

Viva a VIDA dessa grande cientista Ana Maria Primavesi que amorosamente nos transmitiu tanta sabedoria e dos agricultores praticantes da agroecologia!

Os editores

INTRODUÇÃO

Quando se fala de pragas e pestes, imediatamente se imagina agrotóxicos. E, em seguida, surge o pavor de poços, rios e lagos poluídos, alimentos contaminados, doenças provocadas e a previsão apocalíptica da luta entre homens e insetos, que não temos maneira de ganhar. Mas não é isso que quero mostrar.

Existem causas insignificantes que passam despercebidas e, mesmo assim, têm consequências transcendentais. Este livro é uma tentativa de mostrar as inter-relações solo-microvida mesovida-planta-clima, os ecossistemas, as sucessões, os ciclos vitais e os equilíbrios dinâmicos que representam. Quer apresentar a programação da natureza para os diversos seres vivos e de tudo que se passa, bem como nossa interdependência com o meio ambiente. Somos filhos da terra! A célula fecundada da qual nos originamos somente nos deu o código (genético) segundo o qual nos desenvolvemos. Mas nos desenvolvemos a partir daquilo que a terra podia nos dar, e somos o que a terra fez de nós. E, se a terra é doente, decaída e poluída, as chances de sermos sadios, vigorosos e inteligentes são poucas.

Pragas e doenças somente são o sinal vermelho de perigo, indicando a decadência da terra. Apagar a "luz vermelha" não muda nada, não é a recuperação da terra, que é nossa base vital.

Por enquanto, somente soubemos destruir a terra. E, quando não produz mais satisfatoriamente, abandonamo-la, ou seja, entregamo-la à natureza para sanar e recuperar.

A observação de como funciona a natureza em terras virgens possibilita a imitação. Podemos recuperar o que destruímos. E o sinal de perigo, as pragas e doenças desaparecerão. E tanto faz em que ponto começamos a observação, se é na terra, na sua vida, nas raízes das plantas ou no seu metabolismo, sempre surgirão os mesmos fatores e as mesmas inter-relações, por tudo ser um inteiro, um conjunto.

Se alguém quer compreender o ser humano, não pode analisar somente um membro ou órgão. E se alguém quer entender a terra, não pode analisar somente um fator. Tem de ver todos em conjunto.

Embora este livro também traga uma coletânea de métodos de combate biológico de pragas e doenças, úteis na transição do convencional para o agroecológico, fundamentalmente ele quer mostrar o conjunto e seu manejo.

Ana Primavesi

PARTE I

O QUE É ECOLÓGICO

Toda a natureza funciona em ecossistemas, ou seja, em conjuntos ligados a determinados lugares. As inter-relações são várias e as interdependências grandes. Assim como não existe fator econômico isolado, também não existe fator ecológico isolado. Cada um depende de outro e influi sobre outros. Se foi possível compreender isso na economia e usar estes conhecimentos como o mais poderoso instrumento de manejo (*managing*), também deve ser possível entender isso com relação à natureza e usá-lo como base de manejo.

Ocorre que as concepções são vagas e a confusão semântica é grande, de modo que o conceito "ecológico" continua muito obscuro. Se não fosse assim, não existiriam 243 agremiações ecológicas somente em São Paulo, cujo denominador comum, embora seja algo vago, é a conservação de alguma planta ou animal ou de alguma reserva natural. Envolve estudantes que sobem numa árvore quando a Prefeitura quer derrubá-la; professorinhas que gritam: "coitado deste bichinho, não o matem!"; baleias encalhadas, que são arrastadas de volta ao mar; e reportagens sobre a cruel matança de bebês de leões-marinhos.

Tudo isso, afinal de contas, não passa de um pouco de piedade para com alguns exemplares da vida nativa. Está longe de ser um pensamento ecológico e, mais longe, ainda, da compreensão ecológica. Se esta existisse, o homem, em hipótese alguma, poderia considerar-se dono da criação, afastado de suas leis, querendo modificar, dominar e explorar a seu bel-prazer, sem pensar, em um único momento, que também ele faz parte da natureza; que está bem ao centro dos equilíbrios ecológicos e desequilíbrios tecnológicos e que a decadência dos conjuntos ecológicos também contribui para a decadência da espécie humana, de sua saúde, inteligência e vigor. O ser humano parece acreditar que pode influir sobre a natureza, modificar e destruí-la, sem que isso tenha alguma influência sobre si mesmo. Ele vive em cidades, entre concreto armado, vidraças e asfalto, longe da natureza, mas, mesmo assim, depende dela com cada fibra do seu ser, através da alimentação, do ar, da água, das radiações que seus nervos captam, da poluição e da desertificação. Todos os ciclos da própria vida confundem-se com estes da natureza.

Há professores de grandes universidades que declaram publicamente: "Quando ouvimos a palavra 'ecológico', nos dá nojo!". Pergunta-se: por que equilíbrios dinâmicos como o ciclo da água ou do carbono ou até o ciclo da própria vida são nojentos? Ou será que é o medo dos resultados de tantas ações impensadas que alteraram estes ciclos, por exemplo, da água, que não passa mais pelo solo compactado, mas escorre superficialmente, encurtando seu ciclo, causando erosão e enchentes e consequentemente a seca, a carência de água nas cidades e os cortes de energia elétrica. Este medo dá náuseas e mal-estar?

Afinal, o que é ecológico?

"Oikos" é um termo grego e significa "lugar", habitação, ambiente, e "logos" significa estudo, de modo que ecologia é a ciência que estuda a inter-relação dos equilíbrios dinâmicos dos diversos lugares com sua vida, seus solos e seu conjunto: o meio ambiente como um todo. Quer dizer, estuda os laços que unem os seres vivos com seu ambiente, as inter-relações reciprocíclicas entre si e o ambiente, que é seu meio vital. Equilíbrios dão a certeza confortante de que não existirá nem excesso nem falta de algum fator e que tudo está aqui na medida certa. Dinâmicos quer dizer que não são estáticos, mas em constante movimento, modificando-se, segundo uma programação preestabelecida, até chegar novamente ao início do ciclo.

Assim, os minerais nutritivos passam do solo para a planta, de lá para o animal e o homem, e finalmente pelos micro-organismos, que decompõem tudo que foi formado pelas plantas e animais, até chegar ao início da caminhada, a terra, da qual fizeram e novamente fazem parte, até iniciar outra caminhada pela vida. Nada se ganha, nada se perde! Isso é um equilíbrio dinâmico.

Outro exemplo é o ciclo da água: cai a chuva, ela penetra na terra e alcança o nível freático, ou seja, o depósito subterrâneo da água. De lá ela pode ser absorvida por plantas e, transpirada, formar nuvens e chover em diversos ciclos regionais; pode também abastecer poços e aquíferos, ou nascer como fonte ou vertente, abastecendo os rios e chegando ao mar, onde evapora. Juntando-se o vapor do mar com o que foi evaporado diretamente do solo, ou transpirado pelas plantas, formam-se nuvens, que o vento leva sobre a terra, onde chove novamente. Mas, nesta caminhada, a água depende de muitos fatores, todos equilibrados para uma eficiência máxima. A chuva que cai não pode bater diretamente no chão, encrostando-o. O solo tem de manter os poros abertos, ser permeável, ter macroporos pelos quais a água deverá infiltrar-se. Não pode haver lajes adensadas barrando o caminho da água, caso contrário esta não abastecerá poços e rios, mas escorrerá. Se escorrer, causará enchentes e, se os rios forem retificados, a água não regará mais a paisagem, mas será levada rápida e diretamente ao mar. E, se faltarem as matas, as nuvens carregadas de água não descerão com facilidade, mas somente quando estiverem muito pesadas. Ocorrerão aguaceiros e, em seguida, a seca, em consequência do não armazenamento local da água, de água residente. Ou como nossos meteorólogos dizem: a distribuição das chuvas se torna irregular.

Não haverá mais fontes que abasteçam os rios, que oscilam entre cheias pavorosas e vazão reduzidíssima, o que obriga a economizar água e energia elétrica. E, em lugar de uma vegetação exuberante, dominam caatingas e cerrados. É o ciclo da água que foi interrompido, encurtado!

No ecossistema, todos os fatores devem ajustar-se perfeitamente um ao outro, como as peças de uma máquina ou de algum motor. Alguma modificação, e tudo será diferente, não podendo mais funcionar. Mas a natureza dá um "jeitinho" para preservar a vida e modifica todos os outros fatores do sistema até que se ajustem a este que foi mudado, ajustando o equilíbrio talvez num patamar mais baixo e menos hospitaleiro à vida superior. O ecossistema, em síntese, é o módulo de vida da natureza, como a família é o módulo básico da sociedade. Os ecossistemas formam o meio ambiente. "Ecológico" quer dizer: perfeitamente adaptado ao seu módulo ambiental, dentro das leis naturais. Mas estas leis não são estabelecidas pelo homem e não têm nada a ver com classificações, taxonomias e relações feitas para sistematizar. São as leis eternas, segundo as quais a natureza funciona. Isso nos dá enormes possibilidades de manejo, e por que não dizer, possibilidades para otimizar todas as nossas atividades que lidam com a natureza. E isso não ocorre pela subjugação e "dominação" da natureza, mas somente pela amigável observação de suas leis.

Os processos de intervenção na natureza não devem ser regidos pelo orgulho de dominação e domesticação de algo selvagem, mas pela satisfação de manejo adequado e construtivo. Onde se domina, há luta e, mesmo ganhando uma ou outra batalha, a última batalha sempre é ganha pela natureza. Assim, planícies férteis se tornaram desertos, como o do Saara, graças à atividade do homem. E muitos cientistas dizem que: *All deserts are men made!* ou "Todos os desertos foram feitos pelo homem!". Certamente há exceções, como os do Atacama e do Gobi, em regiões onde não chove por causa da formação de cordilheiras que impedem a entrada de massas de ar úmidas do oceano.*

---

* O termo desertificação (provocada por atividade humana) foi criado em 1949 pelo ecologista francês Andre Aubreville, e em 1977, o termo foi proposto pelas Nações Unidas (Dregne, 1986).

Há 36 anos, em São Paulo, as chuvas tropicais eram regulares a partir do início de setembro. Todos que trabalhavam no campo ou na manutenção das estradas levavam seu guarda-chuva amarrado às costas, porque à tarde choveria tão certo como o "Amém" na prece. Atualmente, as chuvas nem se iniciam mais em setembro e, muito menos, chove todas as tardes. Há anos de seca e anos de chuva. Enchentes seguidas de veranicos e secas atormentam a população.

Princípios e efeitos da agricultura convencional

Com a "revolução verde" entrou uma tecnologia agrícola orientada para o consumo de insumos. O pacote tecnológico aumentou a produção agrícola, atingindo 50 milhões de toneladas de grãos. Mas este aumento ocorreu muito à custa do aumento das "fronteiras agrícolas", ou seja, plantando-se anualmente mais um milhão de hectares de terra, porque a média das colheitas não aumentou, com exceção da cana-de-açúcar, que subiu para 50 t/ha em três cortes. A mecanização e o uso de herbicidas permitiram o cultivo de áreas extensas. Agora, doze anos após a primeira "supersafra", a colheita de grãos ainda está ao redor dos 50 milhões de toneladas,* apesar do aumento constante da área plantada, do uso intenso de insumos, como adubos e defensivos, e de uma mecanização cada vez mais sofisticada, como na agricultura de precisão ou digital, além de sementes mais responsivas a adubos e irrigação mais direcionada, como a microaspersão e o gotejamento.

O uso de adubos cresceu muito até 1982, porém com efeito cada vez menor, como mostram as estatísticas da Associação Nacional de Adubos (Anda). Como os preços subiram demais, muitos produtores de alimento, especialmente os arrendatários, desistiram pouco a pouco de comprar adubos porque obtiveram safras mais seguras e menos praguejadas em terras novas e descansadas do que através da

---

* Dados correspondentes a 1988; em 2016, foram mais de 200 milhões de toneladas, com avanço da fronteira agrícola para o Centro-Oeste e o polígono do "MAPITOBA" (que engloba territórios do Maranhão, Piauí, Tocantins e Bahia). [N.E.]

adubação. E ainda sem o problema da liquidação dos financiamentos, que exige uma parcela cada vez maior da colheita. Assim, em 1982/1983, a venda de adubos foi 35% menor do que no ano agrícola anterior. E, segundo estatísticas oficiais, prevê-se no ano 2000 que 1 tonelada de adubo produzirá somente 23% do que produziu em 1970. Por quê?

Apesar do uso bastante generalizado de defensivos, as pragas e doenças aumentaram assustadoramente. Enquanto, em 1956, somente 193 pragas eram conhecidas no Brasil, em 1976 já eram 592, provocadas em parte pela decadência dos solos, em parte pelas variedades altamente produtivas mas pouco resistentes; pelas pragas importadas, como ocorreu com o bicudo; por insetos que se tornaram resistentes contra os defensivos, e outros cujos "inimigos naturais" foram mortos pelos defensivos, o que permitiu sua multiplicação descontrolada; e, não por último, as pragas que foram criadas pelas monoculturas.

O problema é muito mais complexo do que se pode imaginar. A substituição dos ecótipos, ou seja, das variedades adaptadas a cada região e a cada tipo de solo, pelas variedades "exóticas" de alta produtividade (HYV) ou variedades de "elevada resposta" aos adubos (HRV) – não se tratando de boa resposta aos adubos, mas sim, de elevadas quantidades de adubos suportadas pelas culturas – tornou as variedades plantadas completamente dependentes das técnicas agrícolas, e seu uso programado.

Em 1940 existiam na Índia, por exemplo, trinta mil variedades de arroz – para cada ecossistema, um ecótipo. Atualmente são plantadas somente dez variedades, produzidas por duas firmas de sementes. Do mesmo modo, existiram no século XIX, na Malásia, dez mil variedades de arroz: presentemente são sete. Não se procura mais a adaptação da cultura ao solo e ao clima, mas força-se a terra com todo o pacote tecnológico para produzir variedades estranhas, mais produtivas mas muito mais arriscadas. E quando o germoplasma destas poucas variedades degenerar ou for perdido?

Das 3 mil espécies de plantas alimentícias usadas no mundo inteiro, em 1880, em que cada região cultivava seus alimentos principais próprios como, por exemplo, milho no México, arroz na Ásia, cevada e sorgo no Oriente Médio, milheto na Mongólia, centeio na Europa Oriental, trigo na Itália e Espanha etc., ocorreu uma redução para 15 alimentos básicos para facilitar o trabalho dos supermercados.

Atualmente, os cientistas trabalham febrilmente para introduzir cana-de-açúcar e soja na Amazônia Legal, embora nem os solos nem o clima sejam próprios para estas culturas, e as riquezas naturais da região, ainda que muito grandes, estão sendo desperdiçadas.

Enquanto, antigamente, as variedades eram adaptadas ao solo, atualmente os solos são adaptados às culturas através de uma tecnologia intensa, cara, arriscada e poluidora. Elevou-se o nível dos nutrientes que uma planta suporta circulando na seiva. Antigamente teria sido tóxico, mas as variedades modernas o suportam. Assim, os milhos híbridos Dekalb podem dar até 13 t/ha de grãos, mas também necessitam de 2 t/ha de adubo, além de uma defesa fitossanitária que antigamente o milho não necessitava. No Paraná, colhem-se até 9 t/ha de milho, mas quando se colhe 8,5 t/ha o agricultor vai à falência. Em 1985, o agricultor que ganhou o prêmio de produtividade do Estado de São Paulo teve que entregar suas terras duas semanas mais tarde ao banco financiador por ser incapaz de saldar seus compromissos. É uma produção cara e arriscada, pondo os alimentos fora do alcance do poder aquisitivo da maioria da população.

O crédito agrícola, segundo o VBC (Valor Básico de Custeio), financia tecnologia, embora se diga "produtividade". Se a palavra produtividade significasse o potencial de produção de um solo, por causa de suas condições biofísicas e químicas ótimas que respondessem rapidamente aos insumos, a quota de financiamento poderia diminuir à medida que a produção crescesse, uma vez que essa produção seria resultado da conservação do solo, podendo se produzir mais com menos custo. Mas, na gíria oficial, "produtividade" significa o uso maior de insumos.

O novo pacote agrícola do Governo não deixa muita opção ao agricultor: ou ele usa maciçamente toda a tecnologia, ou ele vai à falência. Mas existe uma terceira alternativa, que será usar uma tecnologia diferente: a ecológica.

Tabela 1 – Custo de produção calculado segundo o preço mínimo para 1986

Cultura	Custo/ha em sacos do produto	Produção/ha em sacos do produto
Algodão	100*	115
Amendoim	92	85
Arroz sequeiro	34	23
Arroz irrigado inundado	33	65
Café em coco	46	40 (com preço de conjuntura)
Feijão	19	14
Feijão irrigado	26	32
Milho	42	48
Milho com alta tecnologia	64	60 a 70
Soja	32	34
Trigo (SP)	21	20 a 22
Trigo irrigado	37	40

* Único dado considerado em arroba. Elaborado pelo Eng. Agrônomo Cassimiro Silvério.

Verifica-se que a margem de lucro é nula em trigo, arroz e feijão sem irrigação, e pequena em soja e milho. Somente o algodão dá um lucro certo, enquanto o amendoim dá um prejuízo certo. A irrigação aumenta a colheita e o lucro, mas somente em casos raros o lucro das lavouras permite pagar sua instalação, como ocorre no caso de verduras, frutas e flores, ou em lavouras caras, como a de ervilha ou de grão-de-bico.

No Nordeste, onde a água de irrigação é salobre, a salinização das terras ocorre provavelmente antes de se ter pago a instalação da irrigação, porque lá a falta de água é constante e não existem chuvas para lavar os sais da terra.

Por isso, o agricultor procura pelos cultivos mais rendosos e não pelos mais necessários para a alimentação da população. Numa comparação da área plantada em 1969 e 1983, verifica-se o seguinte:

Tabela 2 – Desenvolvimento das áreas plantadas nos anos de 1969 e 1983 segundo culturas

Culturas	1969 (%)	1973 (%)	1982/83 (oscilação em %)
Soja	0,3	14,0	- 0,7
Café	-	23,0	-
Feijão e mandioca	-	3,0	- 13,0
Arroz	18,0	12,0	- 0,8
Milho	13,0	11,0	- 0,8
Trigo	-	-	- 32,0
Amendoim	-	-	- 12,0
Cana-de-açúcar	-	-	+ 32,0

Elaborado por Da l'Acqua.

Aumentou a área de cana-de-açúcar e diminuiu a de alimentos e das pastagens, que aqui não foram computadas.

A revolução verde, lançada por Kennedy, e cujo pacote tecnológico foi desenvolvido pelo prêmio Nobel norte-americano Norman Borlaug, trouxe a introdução dos híbridos e de todo o pacote mecânico-químico: adubação, defensivos, herbicidas, reguladores de crescimento, desfolhantes e a substituição de mão de obra por máquinas. Surgiram os boias-frias, começaram as agroindústrias, a produção em grande escala de colheitas comerciais, o inchamento das favelas e a subnutrição. Mas começaram igualmente as exportações maiores* e toda a infraestrutura que permitiu o assentamento das "multis" com suas importações e produção de supérfluos.

A agricultura exigia sempre mais insumos, os custos de produção subiram muito, pondo os alimentos fora do alcance de grande parte do povo, mas tornou-se um mercado consumidor por excelência. Os agricultores se descapitalizaram e os pequenos e médios agricultores começaram a entregar suas terras aos bancos financiadores, que as vendiam às agroindústrias. Entre 1964 e 1984, somente no Paraná, 300 mil agricultores e arrendatários perderam suas terras ou não conseguiram mais produzir sob as condições reinantes.

---

* Exportações que atualmente, em 2016, ainda conseguem salvar a economia brasileira. [N.E.]

Aonde vamos?

Investe-se em escolas e saúde, mas não se investe em alimentação, ou, no mínimo, na produção de alimentos acessíveis ao poder aquisitivo da maioria da população. Pessoas subnutridas, de mães subnutridas, podem desenvolver cérebros 20% menores do que o comum. Isso significa incapacidade total para o aprendizado. É a criação de mão de obra não qualificada, barata, à semelhança do sistema de abelhas e formigas, que também criam suas operárias por meio da subnutrição. Para que escolas, se 80% não passam do primeiro ano primário? Para que vacinas e postos de saúde, se as pessoas subnutridas não possuem resistência e nem reagem às vacinas? Vivem atacadas de verminose, esquistossomose e outras. A base de qualquer saúde e aprendizado é a boa alimentação que os nutricionistas recomendam e que o povo não pode comprar por falta de poder aquisitivo. Mas o aumento dos salários somente provocará nova inflação, a produção de alimentos é que deve ser mais barata.

Como produzir mais alimentos

Existem várias possibilidades de se aumentar a produção.

1. Aumento da área plantada, ampliando-se as "fronteiras agrícolas", o que cria um mercado consumidor agrícola cada vez maior. Isso, no entanto, não contribui necessariamente para o barateamento dos produtos. É o que se faz atualmente. É o aumento horizontal das colheitas.

2. Melhoramento da biofísica dos solos (considera o aspecto biológico ligado ao aspecto físico do solo), produzindo-se mais por área. Este é o lastro de uma produção farta e barata que exige o uso bem orientado de matéria orgânica. É o aumento vertical das colheitas.

3. Melhoramento químico do solo através de calagem e adubação mineral (aspecto químico do solo). Se for acompanhado do melhoramento biofísico, é a maneira acertada de produzir mais barato. Mas se for utilizado como remédio paliativo contra a decadência do solo,

e ainda de maneira unilateral, é a maneira mais errada, por encarecer a produção sobremaneira, sem retorno adequado.

4. Melhoramento genético. Se for feito para conseguir a maior produção de cultivos adaptados aos ecossistemas, é um meio para diminuir consideravelmente o risco agrícola e baratear a produção. Se for usado simplesmente para criar variedades que suportam elevadas quantidades de adubos, sem consideração ao meio ambiente, é um meio para encarecer a produção e aumentar o risco.

5. Irrigação: antes de implantá-la em maior escala, deve-se certificar se existe água suficiente nas épocas de aperto. Em regiões com solos muito compactados, sem permeabilidade, com capacidade baixa ou nula de captação e armazenamento de água, com reposição de água no lençol freático e aquíferos (não de açudes e represas que geralmente captam água de escorrimento superficial), geralmente falta água quando ocorre a seca. Um sistema intenso de tanques deve conservar a água para a irrigação.

6. Melhoramento da estrutura agrária (reforma agrária) com relação mais favorável entre tamanho da área produtiva da propriedade rural e mão de obra. Porém, o tamanho mínimo do módulo de produção não deve ser ultrapassado para permitir a rentabilidade e nutrição suficiente da família, e o tamanho máximo deve garantir, ainda, a conservação dos solos. A escassez de mão de obra leva à mecanização, ao aumento de tamanho da propriedade e à decadência das terras.

Tabela 3 – Número de propriedades acima de 160 ha nos EUA

Ano	Número
1920	67.000
1954	131.000
1984	300.000

O aumento rápido das grandes propriedades (para a produção em escala) e o desaparecimento das propriedades médias e pequenas caracterizam o pacote tecnológico atual. Somente em 1985, quase 30%

dos agricultores abaixo de 160 ha que ainda restaram perderam suas terras nos EUA. É a concentração de renda e de terra que o sistema consumista provoca.

7. Defesa fitossanitária por métodos químicos, biológicos e ecológicos para impedir a perda de colheitas. A produção de alimentos é sempre mais deslocada para as entrelinhas dos cultivos comerciais. Por outro lado, monoculturas tomam conta. Os solos degradam por serem desprotegidos contra a insolação e o impacto das chuvas. Lajes subsuperficiais confinam as raízes a uma camada encrostada, lixiviada e aquecida do solo. Menos solo à disposição da raiz significa menos água e menos nutrientes. Aduba-se. Mas a concentração dos sais perto da superfície impede a raiz da planta de absorver água (seca fisiológica), aumentando os problemas da falta de chuva. Plantas não crescem em "salmoura". Irriga-se para diluir a concentração dos adubos. Assim, a batatinha inglesa recebe até 10 t/ha de adubo (também as hortaliças, com 1 kg/m^2 de adubo) e irriga-se até três vezes ao dia, de modo que um baticultor perguntou: "Batatinha é cultivo de água?". Normalmente não o seria, mas, nestas condições, o é. Muitas vezes o excesso de irrigação em solo adensado resulta em falta de oxigênio para as raízes, e aí incorpora-se material orgânico procurando criar poros de aeração (ou se usa enterrar profundamente a camada superficial para reduzir a salinidade). E, como o desequilíbrio nutricional é grande por se usar somente NPK, as plantas não possuem resistência e são verdadeiros ambulatórios de doenças e pragas. Usam-se defensivos. Alega-se que este tipo de agricultura é necessário por causa da fome do mundo. Já em 1975, calculava-se (Schmid) que existem 1,5 bilhão de pessoas subnutridas e 2 bilhões de pessoas famintas; destes, 500 milhões com fome crônica, morrendo, anualmente, 30 milhões de fome aguda.[*]

As pessoas suficientemente nutridas são poucas, apesar do bem-estar extraordinário de boa parte da população de países altamente desenvol-

---

[*] Em 2016, estima-se que cerca de um bilhão de pessoas sofre com fome crônica. [N. E.]

vidos. Os países do Terceiro Mundo são campeões em fome. Somente no Brasil, os subnutridos aumentaram em 7,8% de 1964 para 1985. Portanto, apesar de toda tecnologia e pesquisa agrícola, a parcela dos subnutridos aumentou. O problema não é a escassez de terra cultivável, nem a falta de alimentos, mas a falta de poder aquisitivo. No Terceiro Mundo, somente 20% da área cultivada é plantada com culturas alimentícias. E os países mais pobres, como a Índia, produzem grãos para nutrir os porcos dos países mais ricos, que ainda assim, em 40% das terras agrícolas, produzem alimentos para sua população. Os pobres destinam 80% de sua área às *cash-crops*, ou seja, culturas comerciais como algodão, café ou soja para exportação ou álcool para a "alimentação" de carros, ou melhor, de seus cavalos mecânicos. Portanto, os alimentos são raros e caros.

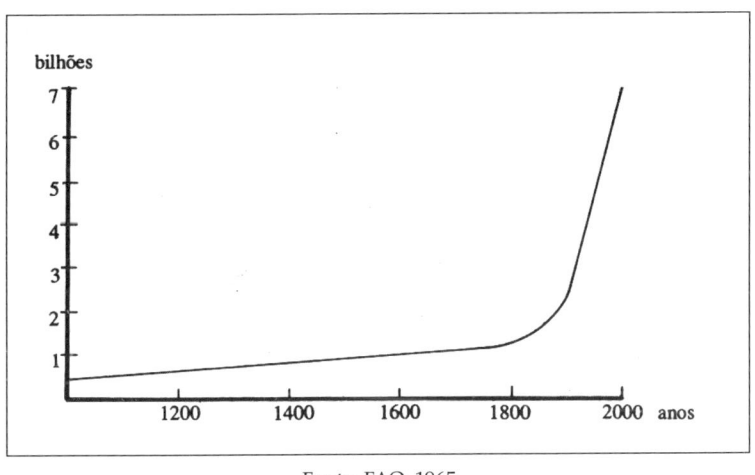

Figura 1 – Aumento da população mundial

Fonte: FAO, 1965

Muitas vezes os preços, já acima do poder aquisitivo de muitos, não pagam os custos da produção, como mostra a tabela 1. Por quê?

Na agricultura atual, se quer sanar a decadência físico-biológica dos solos por meio de paliativos químicos. Por exemplo, o milho, cultura tipicamente americana, o "centeotl" dos astecas (no México), no Brasil raramente rende 9,0 t/ha, com toda carga da tecnologia convencional.

Enquanto na Europa, onde foi introduzido pacienciosamente pela engenharia genética, em várias regiões que há pouco ainda eram inadequadas para o cultivo de milho, rende como média de campo 15 a 18 t/ha. O mesmo ocorre com o arroz, cultura tipicamente tropical, que rende mais na Itália e Japão (ao redor de 8 t/ha) do que no Brasil. E como as culturas, aqui, lutam pela sobrevivência, exigem e recebem muito mais agrotóxicos que nos países de clima temperado. Enquanto nos EUA a média de defensivos para a soja é de 2,0 g por kg de grão produzido, no Brasil é de 14 a 30 g/kg de grão e, em 1976, na região de Santa Rosa-RS, chegou-se a 500 g de defensivo para cada kg de grão produzido. As pulverizações são muito mais frequentes nos solos "velhos de cultura" por estarem decaídos biologicamente (adensados), com as plantas reagindo menos aos defensivos e as pragas se importando menos com os agrotóxicos. Gasta-se cada vez mais para produzir menos!

Pela contagem oficial, usam-se no Estado de São Paulo, 9 kg/ha de defensivos, além dos herbicidas. Mas esta conta é enganosa porque quase 25% da área cultivada é ocupada por cana-de-açúcar, onde raramente são usados defensivos. Por outro lado, a soja recebe de 5 a 12 de pulverizações, o algodão de 12 a 25, a maçã de 30 a 42 e as hortaliças, a cada dois dias, enquanto o milho e o arroz recebem somente de 0 a 4 aplicações de defensivos. À medida que o solo se degrada (reduzem os macroporos e sua permeabilidade estabilizados por atividade biológica), aumentam as pragas e pestes, aumenta o consumo de insumos e baixam as colheitas, até chegar ao ponto em que se troca a cultura por uma menos exigente, como café pela cana-de-açúcar, e finalmente se troca o boia-fria pelo boi.

A desambientação das culturas e o uso de insumos

A genética vegetal, que antigamente se preocupava em selecionar variedades adaptadas às condições reinantes do ambiente, especialmente a condições adversas, como foi a criação do trigo "Frontana", adaptado a concentrações maiores de alumínio trocável (até 2,5 $cmol_c$/100 dm^3), atualmente se preocupa especialmente em criar variedades mais produtivas, em franca desconsideração às condições locais dos solos. O que se criam não são mais ecótipos, mas cultivares exóticas às quais os solos devem ser adaptados. E, para levar a desambientação ao extremo, plantam-se soja e cana-de-açúcar na Amazônia equatorial, deslocando os cultivos adaptados como guaraná, seringueira, castanheira, dendê, pimenta-do-reino, cravo-da-índia, babaçu e outros. É, sem dúvida, uma vitória da tecnologia convencional, que planta soja no Equador e milho no Alasca, no Círculo Ártico. Mas, com isso, a agricultura se tornou extremamente insegura, arriscada, cara e dependente dos insumos, além de destruir os solos. Culpa-se o clima tropical pela insegurança das colheitas por ser "desfavorável" à produção agrícola.

Porém, a tecnologia convencional é que torna o clima desfavorável à produção, porque age completamente despreocupada frente às condições ambientais, ou simplesmente é antiecológica. Não foi criada para o clima tropical!

As plantas superabastecidas com NPK, mas carentes de micronutrientes, perdem sua resistência. Quando é que uma planta é resistente?

Quando metaboliza o mais rápido possível todos os nutrientes que absorve e com eles consegue formar proteínas, óleos e gorduras, açúcares complexos, enzimas, vitaminas, hormônios, substâncias aromáticas etc. E, para isso, a planta necessita:

1. de suficiente energia para suas reações químicas, que depende do oxigênio no solo, pois é absorvido pelas raízes e o colo da planta, seus "pulmões". Em solo adensado a disponibilidade de energia cai para 10% da que ocorre em solos permeáveis;

2. de enzimas para que estas reações químicas se processem o mais rapidamente possível. Mas enzimas são proteínas conjugadas com vitaminas, as coenzimas, e ativadas por um metal, muitas vezes, um micronutriente.

Se o metabolismo for rápido, a planta será sadia e resistente. Mas se o solo for compactado e apresentar carência de micronutrientes induzida pela adubação unilateral com NPK, a planta se tornará suscetível.

Acredita-se que o mais importante na adubação sejam os macronutrientes. E que aqueles, exigidos em traços, sejam de pouca importância. Porém, traços não significam insignificância. São extremamente poderosos e, por isso, necessita-se pouco deles. Assim, um elefante, numa lavoura, faz um estrago muito menor que uma infestação por bactérias ou vírus, que são invisíveis. E as mais pavorosas epidemias, que podem despovoar países inteiros, são causadas por microsseres.

Plantas fracas se tornam verdadeiros eldorados para fungos e bactérias, vírus e insetos. E, como pessoas malnutridas, embora bem alimentadas, pegam doenças facilmente.

A solução que se encontrou não foi a de fornecer à planta o que carece, mas de defendê-la contra os parasitas com agrotóxicos, que matam os que atacam as plantas, pelo menos, temporariamente. E as plantas continuam fracas e suscetíveis. E, quanto mais fraca a planta, tanto menos reage aos defensivos e tanto mais aplicações são necessárias até que o cultivo se torne antieconômico.

O ecossistema tropical é extremamente produtivo. A mata tropical produz, em 18 anos, o que a temperada produz em 100 anos. Muitas plantas tropicais iniciam sua fotossíntese com quatro carbonos em lugar de três, tendo, portanto, 25% de vantagem.

E quando um plantador de cana-de-açúcar, no Rio Grande do Norte, perguntou: "O que faço com esta porcaria de terra que no primeiro corte dá 140 t/ha, no segundo ainda 80 t/ha, mas no terceiro somente 20 t/ha?". A resposta somente podia ser: "Porcaria não são seus solos, mas sua tecnologia, que não é capaz de manter a capacidade produtiva".

Onde o homem mete a mão sem considerar as regras da natureza e os aspectos ecológicos a produção vegetal cai e as pragas e doenças aparecem.

A tragédia não é somente a produção tornar-se pouca e cara e os agricultores perderem suas terras para o órgão financiador. O pior é que erosão e enchentes (formadas de águas pluviais expulsas de lotes rurais e urbanos por meio de manejo inadequado que leva à impermeabilização dos solos) devastam os solos e flagelam a população ribeirinha, de modo que já foi criado o imposto de "calamidade pública". Secas se instalam em seguida (pois a água foi expulsa, foi impedida de infiltrar nos solos e realimentar os lençóis freáticos e aquíferos), pragas e doenças devastam as plantações e os produtos pouco nutritivos são impregnados de resíduos tóxicos, afetando a saúde humana, sua inteligência e sua vitalidade. Começa a desertificação.

Se nossa agricultura não funcionar bem, quem pagará a dívida externa, quem produzirá divisas para as importações, quem manterá nosso parque industrial, quem fornecerá alimentos, álcool combustível, e de onde virá a água para as hidrelétricas gigantes, se a terra se tornar impermeável, levando ao escorrimento da água em lugar de fomentar as nascentes e rios? O Brasil inteiro entra em colapso com a destruição de suas terras!

Portanto, pragas e pestes, que tanto preocupam, não são uma ocorrência *sui generis* por causa de caprichos da natureza, mas um sinal de alarme muito sério de que nossos solos estão no fim, os ecossistemas destruídos e a sobrevivência humana posta em xeque. Em lugar de sanar as terras, tenta-se apagar a "luz vermelha" do alarme, que são os parasitas vegetais, simples "polícia sanitária" que a natureza aciona para eliminar e reciclar indivíduos e populações inadequados para a vida, por causa de seu metabolismo desequilibrado, sua baixa resistência e tolerância.

A tecnologia agrícola não é uma imposição técnica, nem uma alternativa a critério do agricultor. Se o Brasil pretende sobreviver condignamente, será obrigado a tratar seus solos de maneira apropriada. Isso, ao mesmo tempo, evitará grande parte das doenças e pragas. Vida ou morte, prosperidade ou miséria, progresso ou dependência escrava, são as alternativas que dependem da tecnologia agrícola, que se enquadra ou não às condições ambientais reinantes.

Conjuntos ecológicos

Quando se resolveu importar carne para pressionar o mercado interno, resolveu-se igualmente, embora de maneira inconsciente, terminar com a produção de sapatos de couro, que estão entre nossos melhores artigos de exportação. A carne veio limpa, sem couro.

Quando se resolveu antecipar o abate de frangos para ter mais carne de galinha, não se considerou que os ovos dos quais saíram estes frangos tinham de ser postos por galinhas, um por dia, e que a incubação sempre demora 21 dias. E, mesmo se tudo funcionasse, deveria haver mais milho para a ração e que ele deveria ser plantado e colhido.

Todos condenam os caçadores de jacaré no pantanal mato-grossense. Mas quem condena os agricultores do Alto Paraguai, de cujas lavouras a água escorrida traz agrotóxicos, matando indiscriminadamente animais silvestres do pantanal?

Toda a natureza é formada por conjuntos. Nada é separado e cada atividade tem suas consequências colaterais, que podem ou não ser compatíveis com as necessidades da comunidade.

Na natureza, há uma diversificação muito grande de seres vivos, todos organizados em grupos funcionais e "pirâmides alimentícias", constituídas de cadeias e de teias alimentares. Um come o outro, um controla o outro. Os de proteínas mais simples são presas dos de proteínas mais complexas e, quanto mais complexas suas proteínas, tanto menos exemplares desta espécie o conjunto suporta. Assim, as bactérias são pastadas por amebas, estas são alimento de colêmbolos e ácaros, que por sua vez servem de caça para formigas, centopeias, aranhas e outros, que, por sua vez, são perseguidos por passarinhos, sapos, morcegos etc. Ácaros caçam ovos de insetos bem como nematoides. Comer e ser comido, este é o sistema da natureza. Se uma espécie aumentar num ecossistema natural, seu "inimigo natural" igualmente aumentará, por causa das condições nutricionais favoráveis. Mas se exterminarem esta espécie, aquele também desaparecerá, por não encontrar mais comida em fartura. O alimento regula a vida do solo!

Poucos estão acostumados a pensar em conjuntos ecológicos, embora as crianças já aprendam a matemática de conjuntos no segundo ano primário. Se já os números existem em conjuntos, quanto mais os seres vivos!

E quem pensa em conjuntos compreende que o combate de pragas e doenças não é somente assunto de agricultor e das firmas que produzem defensivos e, talvez, do receituário agronômico. É assunto de toda nação, como já foi explicado.

Combate de pragas e pestes por métodos não agressivos à natureza

A ideia de que o único combate possível seria o químico não é correta.

Todos os métodos de "combate" possuem um enfoque comum: o sintomático. E tanto faz se os métodos forem químicos, físicos ou biológicos, eles continuam a ser antiecológicos.

Existem quatro modos de combate e dois de prevenção.

Combate

1. Físico mecânico
1.1. coleta manual;
1.2. armadilhas;
1.3. irrigação por inundação ou drenagem;
1.4. barreira vegetal de outra espécie do cultivo para dificultar deslocamento de pragas ou de vetores.
2. Físico radiativo
2.1. fogo e lança-chamas (para chamuscar invasoras);
2.2. choques elétricos, por exemplo, contra invasoras hospedeiras de pragas;
2.3. ultrassom;
2.4. radiações ionizantes para produzir machos estéreis ou para proteger sementes do ataque de carunchos.

3. Químico

3.1. atraentes como feromônio;

3.2. esterilizantes;

3.3. repelentes como creolina;

3.4. agrotóxicos e seu uso continuado ou de rotação de princípios ativos – estes não serão tratados aqui porque são agressivos ao meio ambiente e por existirem compêndios volumosos sobre o assunto.

4. Biológico

4.1. inimigos naturais (fungos, bactérias, vírus, insetos, nematoides, anfíbios, repteis, peixes, aves, mamíferos);

4.2. praguicidas naturais como rotenona, nicotina, piretróides, quássia e outros;

4.3. engenharia genética, com incorporação de gene de toxina de inimigo natural no genoma do vegetal a ser protegido;

4.4. armadilhas vegetais, com plantio de espécies diferentes da do cultivo e que atraem as pragas;

4.5. repelentes vegetais, com plantio de espécies diferentes da do cultivo e que repelem pragas;

4.6. plantio alternado ou intercalar de variedades da mesma espécie mais resistentes, junto com materiais mais suscetíveis;

4.7. multiplicação por culturas de tecido meristemático;

4.8. inclusão de um período de vazio sanitário, ou uma rotação de culturas, com espécies não hospedeiras das pragas ou dos patógenos da cultura econômica mais importante.

Prevenção ou controle ecológico

1. equilibrar e diversificar a vida do solo e os grupos funcionais, por meio da diversificação de culturas, como rotação de culturas, cultivos intercalares, faixas de culturas;

2. aumentar a resistência vegetal por uma nutrição mais equilibrada, evitando desequilíbrios minerais e o acúmulo de substâncias inacabadas na seiva, e que servem de alimento para pragas e patógenos;

3. fortalecer o sistema radicular das plantas, por exemplo, pela nutrição vegetal, solo mais permeável, presença de cálcio e boro no perfil, sem provocar elevação da salinidade por adubação ou irrigação com água salobra;

4. manter o solo permeável continuamente com cobertura viva ou morta, para evitar seu aquecimento e ressecamento superficial.

PARTE II

COMBATE DE PRAGAS POR MÉTODOS NATURAIS

Embora perdure o enfoque imediatista e consumista, a menor agressão à natureza ameniza o impacto. Também não se pretende exterminar pragas e pestes, por ser isso impossível e por elas pertencerem, em níveis naturais, ao ecossistema. Pretende-se manter os parasitas em níveis subeconômicos, se não for possível reduzi-los a seus níveis naturais. A interferência nos ecossistemas deve ser a menor possível, respeitando-se os conjuntos naturais.

Dois exemplos devem ajudar na compreensão dos conjuntos naturais:

a) os índios da Venezuela diziam: "Quando se caçam onças, índio morre de peste negra". Ninguém podia imaginar por que, e o Governo acreditou ser esta uma superstição mantida pelos pajés para instigar o ódio contra os turistas. Emitiu numerosas licenças de caça para onças, por ser uma fonte rendosa de divisas, e depois constatou estarrecido que os índios morriam mesmo de peste negra.

Por quê?

As onças, entre outros, caçavam também ratos, de modo que controlavam sua população. Mortas as onças, os ratos se multiplicaram violentamente, invadindo as malocas dos índios, trazendo a peste negra;

b) em Bornéu, ilha do Oceano Índico, pertencente à Malásia, fez-se o combate aos pernilongos e moscas, que infernizavam a vida, com DDT. Mas, logo em seguida, houve uma multiplicação tão grande de ratos que a sobrevivência humana ficou ameaçada. Não comeram somente os grãos armazenados, mas também as colheitas do campo. O que aconteceu?

As moscas mortas pelo DDT foram comidas pelas lagartixas, que sempre as tinham caçado. Os gatos comiam as lagartixas e morriam intoxicados, não podendo mais caçar os ratos.

A única solução que se encontrou para sanar a situação foi a de lançar dezenas de milhares de gatos com paraquedas sobre a ilha para controlar novamente os ratos.

A natureza é um mecanismo muito sutil. Interferindo-se num fator, desequilibram-se os outros. Conhecendo-se as inter-relações, permite-se um manejo perfeito. O homem sonhou em dominar a natureza, que considerava "malfeita", como dizia Kruchev. Queria melhorar, mas somente conseguiu o que o nosso poeta Paulo Eiró diz tão acertadamente: "O homem sonha monumentos, mas só ruínas semeia para a pousada dos ventos!".

Tenta-se dominar, mas somente se destrói, especialmente nos setores físico e biológico do solo. Nossa tecnologia atual não procura pelas causas, mas combate os sintomas quando aparecem. É mais fácil, exige menos inteligência e é mais lucrativo para as fábricas. Funciona segundo os versos de um poeta e humorista alemão, Wilhelm Busch: "Quando algo não agradar, meu princípio é matar!".

E, como os sintomas voltam religiosamente enquanto a causa que os provoca perdurar, é um mercado seguro e lucrativo para os defensivos. Para o agricultor é uma luta contra o vento. Pior, os seres combatidos se adaptam ou se tornam insensíveis ao tóxico usado, ou se protegem, como no caso do bicudo do algodoeiro, que fecha o buraquinho por onde entrou, com cera, para não poder ser atingido pelos agrotóxicos usados e que se tornam cada vez mais tóxicos e mais agressivos, mais abrangentes e mais caros.

Quantas vezes devolveram ao Brasil carregamentos de carne, soja, frutas etc., por causa da contaminação com agrotóxicos proscritos?

Diziam os antropófagos da Austrália que os norte-americanos não podiam ser degustados por serem tóxicos com seus 16 ppm de DDT no corpo. Mas o que diriam de paulistas e cariocas com seus 313 ppm de DDT?

Combate integrado

Sabe-se, atualmente, que o simples combate com um ou outro método normalmente não resolve. Portanto, propaga-se o combate integrado (manejo integrado de pragas, ou melhor ainda, o manejo ecológico de pragas).

Este termo, como aliás tudo que hodiernamente existe, foi adulterado e, enquanto uns entendem, sobre combate integrado, simplesmente o uso simultâneo de métodos mecânicos, físicos e químicos, outros o entendem como algo mais amplo, tornando-o uma tecnologia eficiente no controle de pestes e pragas. Ele inclui:

– variedades resistentes;
– rotação de culturas;
– alternação da época de plantio;
– adubação química equilibrada;
– adubação orgânica (retorno da soca ou restolho);
– cobertura morta;
– combate mecânico, físico, biológico e químico, não se excluindo defensivos químicos, que, neste sistema, já não são ofensivos à vida por causa do uso criterioso e reduzido e de forma rotacionada dos princípios ativos.

Ninguém usará antibióticos na dieta de cada dia, por causa da remota possibilidade de uma infecção. Deverá usá-los somente no caso de necessidade. E o uso de agrotóxicos não deve fazer parte da rotina agrícola, mas ele também deve servir somente de remédio.

Assim, no Paraná, o combate integrado de pragas conseguiu baixar as aplicações de agrotóxicos na soja de 8 a 12 para 1 a 3 vezes. No algodão existem agricultores que conseguiram reduzir o uso de praguicidas de 14 a 25 para 4 a 5 vezes. Com isso, cultivos que já se haviam tornado antieconômicos, por causa do uso extremo de defensivos, tornaram-se novamente viáveis e lucrativos.

Muito antes da descoberta dos defensivos químicos, procurava-se o combate biológico e o "inimigo natural". Já em 1888, na Califórnia, importava-se uma joaninha (*Rodolia cardinalis*) da Austrália para o combate da cochonilha ou pulgão-branco (*Pericerya purchasi*) dos citros. Dois anos mais tarde, não havia mais cochonilha nas plantações.

Os "inimigos naturais" não são somente insetos, mas igualmente fungos, bactérias e vírus, nematoides, répteis, aves e mamíferos pequenos. Os animais que comem insetos não são poucos, ingerindo-os na forma larval e adulta. Assim, morcegos são eficientes caçadores noturnos, podendo consumir até 40 mil insetos por noite. E as mariposas, quando ouvem o ultrassom com que os morcegos localizam sua presa, fogem apavoradas. Tamanduás controlam formigas e cupins; lagartixas, sapos e rãs se nutrem especialmente de insetos diurnos; passarinhos como andorinhas, bem-te-vis, corruíras, matracas, tesouras, sangues-de-boi etc. dizimam consideravelmente a população de insetos; aves de rapina como gavião e coruja apanham pequenos roedores, cobras, lagartixas e outros; o pica-pau limpa as árvores de insetos; garças e semelhantes controlam os moluscos, peixes e insetos, e até o jacaré controla peixes como as piranhas. Todos fazem parte do grande conjunto natural e cada um contribui para a manutenção do equilíbrio. A visão apocalíptica de que a última batalha seria entre homem e insetos, e que estes seriam os vencedores, nunca se concretizará se o equilíbrio dos ecossistemas existir e for mantido.

No reino da mesofauna, ou seja, dos pequenos animais, ainda visíveis a olho nu, existe uma enorme quantidade que vive direta ou indiretamente de insetos, de seus ovos e de suas larvinhas.

Até fungos parasitam larvas e nematoides. Peixinhos comem larvas de carapanã (pernilongos). Giljarov, um cientista russo, classifica o valor cultural dos solos segundo os pequenos animais que encontra. Especialmente a proporção entre colêmbolos/ácaros é indicativa. Se predominam os colêmbolos ou saltadores, o solo está decaído; se predominam ácaros, o solo é sadio e produtivo.

Aproveitou-se o fato de cada um poder ser parasitado ou devorado por outro, procurando-se os "inimigos naturais". Assim foi testado o fungo *Metarrhizium* sobre cigarrinha-da-cana-de-açúcar, *Verticillium* sobre cochonilhas, *Beauveria* contra a broca do cafeeiro, *Cladosporium* sobre pulgões e até *Empusa musca* contra a mosca doméstica. Na natureza, não é raro os parasitas serem parasitados por outros. Assim, as cochonilhas frequentemente são atacadas por fungos. Este parasitismo ocorre nos casos marginais em que a resistência da planta é tão baixa que já permite o assentamento do parasita; mas onde ele ainda não encontra condições ideais de vida, somente se mantém, dando oportunidade, por sua vez, a ser parasitado. Aqui, deve ser lembrado que muitas vezes espécies vivendo em parceria com vegetais podem tornar-se parasitas ou patógenos quando os vegetais tem seu metabolismo desequilibrado.

Bacilos como o *Bacillus thuringiensis*, vendido comercialmente sob o nome de Dipel, combate lagartas da soja e algodão, rami e couve, bem como curucurês dos capinzais e até a broca-das-figueiras.

Os insetos mais conhecidos como predadores são as joaninhas e vespinhas, que parasitam especialmente pulgões, cochonilhas e lagartinhas. Mas também moscas, como a "mosca-da-amazônia" (*Metagonistulum minense*), *Xanthosona*, *Aphelinus*, *Apantheles* e até as micromosquinhas *Aphelinus mali* ou a *Ganaspis carvalhoi* combatem eficazmente a população do pulgão-lanígero das macieiras e a mosca-das-frutas. Até a broca do cafeeiro tem seu parasita na vespinha *Prosopis nasuta*.

Foram importados vários "inimigos naturais" como a joaninha-da--austrália, a mosca-cubana, a vespa-de-uganda e outros. O controle é ótimo, bem mais barato que o dos defensivos químicos e mais eficiente.

Porém, o problema é que na introdução destas espécies, estranhas ao ambiente em que devem viver, a alimentação básica para sua sobrevivência nem sempre é garantida. Em seu *habitat* natural acham outras larvinhas para seu sustento, quando a praga acabar. Nas regiões onde foram importados isso não ocorre. Mas existem besourinhos e vespinhas nativas que, quando protegidos, controlam as pragas eficientemente. É importante deixar faixas de vegetação nativa intercaladas nos cultivos comerciais, tanto para fornecerem parasitas para as pragas quanto para garantirem igualmente sua sobrevivência quando a praga terminar.

Feromônios

A descoberta mais sensacional na luta contra os insetos foi a de feromônios sexuais femininos, que atraem os machos de até 5 km de distância. Com a ajuda destes hormônios, os machos podem ser captados, envenenados ou esterilizados para interromper o acasalamento e, com isso, reduzir drasticamente a geração de novos insetos-pragas. Têm a vantagem de serem específicos, não atraindo outros insetos.

A mosca-do-mediterrâneo (*Ceratitis capitata*), mais conhecida como mosca-das-frutas, foi um dos primeiros insetos dizimados por este método. Atualmente pesquisam-se atrativos para o bicho-mineiro do cafeeiro (*Perileucoptera coffeella*); o bicho-do-armazém (*Lasioderma serricorne*), que ataca produtos armazenados, especialmente fumo em fardos, frutas secas, grãos, papel, tapetes etc.; a lagarta-do-cartucho do milho (*Spodoptera frugiperda*) que, no campo, praticamente não tem combate; a lagarta-rosada (*Pectinophora gossypiella*) dos capulhos do algodoeiro e, não por último, o bicudo (*Anthomonus grandis*) do algodoeiro, que está apavorando os cotonicultores.

Pragas e doenças e seu combate
Ácaros em moranguinhos (*Fragaria*)

São uma praga muito molestante nos cultivos de moranguinhos. Escondem-se na face inferior das folhas, sendo dificilmente alcançados por praguicidas. Mas, quando em lugar de plástico preto se usar casca de arroz para a cobertura do solo, que reflete a luz, os ácaros se acham privados de seus esconderijos escuros e não aparecem mais. Também as lesmas não gostam de caminhar por cima da casca de arroz.

Alguns plantadores dizem que as frutas apodrecem quando encostam na casca de arroz. Isso ocorre quando estão deficientes em cálcio. Uma calagem anterior ao plantio, ou cálcio foliar, previne este apodrecimento.

Broca da cana-de-açúcar (*Diatraea saccharalis*)

A broca é a larva de uma mariposa, que deposita seus ovos preferencialmente no lado dorsal das folhas. As larvinhas vivem embaixo da folha até a primeira mudança de pele, entrando em seguida no colmo, perto do colo da raiz, onde abrem galerias, migrando para cima. Uma vez dentro do colmo, não há mais combate. Mas, quando ainda vivem embaixo da folha, são alvo de vespinhas (*Anapantheles flavipes*), que depositam nelas seus ovos. Estas vespinhas são criadas em laboratório e depois soltas nos canaviais, com resultados de controle muito satisfatórios.

Broca dos citros (*Macropophora accentifer*)

Também é conhecida como arlequim-pequeno. Seu controle é somente preventivo. Uma vez dentro do tronco, não tem mais combate.

Armadilhas – Um dos métodos usados é o da planta-armadilha. Plantam-se de 2 a 3 arbustos de maria-preta (*Cordia verbenacea*) por hectare. Os besouros, mães das brocas, migram para esses arbustos, que preferem aos citros, e daí podem ser catados ou exterminados por praguicida.

Plantas companheiras – A saúde do laranjal aumenta consideravelmente quando intercaladas 10 a 15 goiabeiras por hectare. A razão para isso é desconhecida, mas se enquadra no efeito das plantas companheiras, que são capazes de melhorar a saúde de suas vizinhas. Também o plantio de duas a três seringueiras por hectare de laranjal melhora a saúde dos citros, especialmente em relação a nematoides.

Existem também plantas hostis umas às outras, chamadas alelopáticas, que deprimem o crescimento e a sanidade das vizinhas.

Cigarrinha da raiz da cana-de-açúcar (*Mahanarva fimbriolata*)

A cigarrinha, denominada pelos norte-americanos de "percevejo de cuspe", é um inseto que não ataca somente a cana-de-açúcar, especialmente nos Estados do Nordeste, como Pernambuco, Alagoas e Rio Grande do Norte, mas praticamente todas as gramíneas, do milho até o capim do pasto, como *Brachiaria*, pangola e outros. Seu combate é difícil, porque se localiza no colo da raiz e se protege com densa camada de espuma.

Descobriu-se que é parasitado pelo fungo *Metarrhizium antisopliae*. Criou-se este fungo em larga escala, pulverizando-o sobre os canaviais atacados em forma de esporos.

Tabela 4 – Aplicação do fungo e controle da praga

Ano	Fungo em toneladas	Praguicida em toneladas
1979	53	10
1980	93	20 (aumentou a área tratada)
1983	era debelada a cigarrinha	
1984	7	(aplicação preventiva)

Tentou-se o uso de *Metarrhizium* também em pastagens de *Brachiaria decumbens* frequentemente devastadas pela cigarrinha, porém, não se obteve sucesso. Acredita-se que o fungo somente ataque a cigarrinha em determinadas condições nutricionais, uma vez que o hospedeiro tem de garantir seu desenvolvimento e frutificação. Se estas condições não existirem, não ataca.

Cochonilhas (*Coccideos*)

As cochonilhas podem ser com ou sem carapaça, brancas, verdes ou marrons, atacando os ramos novos e as nervuras principais das folhas, ramos mais velhos, raízes ou frutas. Também podem ocorrer tanto em árvores frutíferas, leguminosas, capins, invasoras, árvores de mata quanto em plantas decorativas de casa, como avenca. O que se chama de "pulgão branco" também pertence às cochonilhas. A joaninha e vespinhas são inimigos naturais que os depredam e um fungo também os ataca. Em pequenas plantações, podem ser asfixiadas pincelando ou pulverizando óleo de linhaça. Em plantações maiores, somente a prevenção ecológica é possível.

Colorado da batatinha (*Leptinotorsa decemlineata*)

O besouro colorado da batata, que é uma das piores pragas em algumas regiões batateiras, pode ser impedido quando duas linhas de batatinhas e uma linha de feijão são plantadas.

Cupins

Cupins, de qualquer maneira, são hostis a húmus. Aparecem especialmente em pastos queimados e campos bem capinados. Na Amazônia, usa-se o cupinzeiro com adubo para hortaliças. O pó do cupinzeiro moído é colocado nas covas de plantio, conseguindo-se, assim, ótimo crescimento de hortaliças.

Faz-se o combate, furando-se os cupinzeiros ao meio até alcançar a câmara da rainha no ponto mais baixo. Coloca-se cal virgem e depois água. Também pode-se jogar um litro de gasolina e acendê-lo. Combate algum tem efeito enquanto a rainha permanecer viva.

Cupim em madeiramentos e móveis: pode-se aplicar uma pasta de cera de abelha, que se dissolve em banho-maria, ajuntando essência de bergamota (mexerica) até que não endureça mais quando fria. Esta pasta passa-se sobre os furos na madeira. O óleo volátil da essência de bergamota (mexerica) mata os cupins.

À parte, menciona-se que cupins são extremamente nutritivos para galinhas de postura. A postura das galinhas aumenta apreciavelmente.

Ferrugem do alho (*Puccinia allii*)

É uma das doenças de maior importância em nossos cultivos de alho. Usa-se preventivamente uma pulverização das plantas com uma solução do suco de 5 limões diluídos em 10 litros de água. Isso se repete de duas em duas semanas.

A saúde do alho é muito melhor se a semente for tratada com uma solução a 1% de Skrill (concentrado de minerais do mar).

Ferrugem do café (*Hemileia vastatrix*)

Uma vez instalada, o combate da ferrugem nos cafezais é difícil. Geralmente, trata-se de um desequilíbrio nutricional com excesso de nitrogênio ou com o excesso relativo desse elemento em relação ao potássio e cobre e falta de boro. Uma adubação orgânica como torta de mamona, esterco de galinha ou, simplesmente, uma adubação verde, aumenta o efeito de fungicidas cúpricos. Embora a adubação orgânica forneça mais nitrogênio, ela igualmente aumenta a disponibilidade e a absorção de micronutrientes, beneficiando os cafeeiros e aumentando sua resistência.

Lagarta-da-soja (*Anticarsia gemmatalis*)

A lagarta-da-soja é uma das pragas que mais defensivos "consome", e também foi a razão pela qual, há 15 anos, as firmas produtoras de agrotóxicos exigiram o uso preventivo dos praguicidas, alegando que, em caso de ataque generalizado, como ocorreu por aquela época no Rio Grande do Sul, não disporiam de suficiente defensivo e que, em caso de combate direto de pragas, não poderiam ser feitas previsões.

Mas após o desastre ecológico em 1984, quando o uso maciço de defensivos na soja tornou muitos rios e açudes inaproveitáveis, os plantadores conscienciosos, especialmente no Paraná, começaram a controlar primeiramente a população de lagartas em campo, antes de usar o defensivo, que geralmente é de ação fulminante e total, matando a praga e seus inimigos.

Controle do número de lagartas: entra-se cuidadosamente no campo para não assustar as lagartas, que se soltam e caem no chão para se esconder, e coloca-se um pano de aproximadamente 1,5 m de comprimento e 40 cm de largura entre as linhas da soja. Agora, bate-se rapidamente nas duas fileiras ao lado do pano (com 1 m de lado). As larvas caem e conta-se a população larval de um m². Se existirem menos que 20 lagartas, pequenas ainda, não haverá perigo. Os sojicultores dizem que a soja muito viçosa dá mais quando as lagartas raleiam a folhagem, proporcionando mais luz às flores. Na sombra, a soja joga muitas flores. A partir de 20 lagartas de aproximadamente 1,5 a 2 cm de comprimento entra-se em estado de alerta. A contagem é feita, daqui em diante, cada dia, em lugar de três em três dias, como anteriormente. Se passar de 30 lagartas e se aproximar de 40, tem que se usar defensivo químico.

Geralmente observa-se que, em períodos úmidos, muitas lagartas são atacadas por um fungo (*Nomuraea rileyi*) cujas hifas brancas encobrem as lagartas com uma penugem. Por isso esta doença ficou conhecida como "doença branca" das lagartinhas.

Mas não somente este fungo ataca as lagartas. Muitas vezes elas também são parasitadas por vespinhas ou morrem de uma doença estranha que as descolora para o cinzento. Analisadas, descobriu-se que se tratava de um vírus, chamado *Baculovirus*, e veio a ideia de se infectar as lagartas com ele.

Modo de preparar o vírus como praguicida: catam-se 50 lagartas mortas pelo vírus, que se reconhece pela descoloração cinzenta. Aproximadamente 16 g são maceradas com um pouco de água até ficarem completamente desintegradas. Coloca-se mais ou menos 1 litro de água para homogeneizar bem a solução, que se coa em seguida. Dilui-se, aproximadamente, em 200 a 225 litros com água, ou seja, o suficiente para pulverizar 1 hectare.

A pulverização deve ser feita em dia encoberto ou à tarde, uma vez que a luz solar prejudica o vírus. A partir de 4 a 5 dias, as lagartas começam a morrer. Cata-se a quantidade de lagartas de que se necessita para pulverizar toda a lavoura, sempre usando a proporção indicada. Para dispor de um estoque para a safra vindoura, congelam-se lagartas em quantidades suficientes.

O *Baculovirus* não deve ser usado quando o número de lagartas passar de 30. Neste caso, somente o praguicida químico resolve, por ter ação fulminante. Também não deve ser usado quando existirem outras lagartas, percevejos etc., porque não os mata, existindo o perigo de se tornarem resistentes.

Armadilhas luminosas: em lugar de se combater as lagartas, podem ser combatidas as mariposas, mães das lagartas, ou seja, sua forma final, genitoras de novas gerações. A revoada principal ocorre do pôr do sol até às 2 horas da madrugada.

Em lavouras pequenas, lâmpadas com querosene são o suficiente. As armadilhas consistem dum tripé de taquaras em cujo centro se pendura uma lâmpada de querosene com placas protetoras aos lados, em 15 a 20 cm de distância. Abaixo da lâmpada, coloca-se uma bacia com água e um pouco de óleo queimado (do cárter de trator), para que as mariposas caídas não tenham mais a possibilidade de sair. Uma lâmpada protege 1 ha de cultura.

Em lavouras maiores, coloca-se a cada 5 ha uma lâmpada de "luz negra" por cima de um tambor de gasolina ou óleo diesel, aberto na parte superior, com água até 2/3 e algum óleo queimado na superfície da água. A "luz negra" deve estar protegida por um telhadinho de latão e ser posta ao meio de placas colocadas em forma de cruz. As placas têm por finalidade interromper o voo das mariposas e fazê-las cair.

Elas podem ser ligadas a uma bateria de trator ou à rede elétrica.

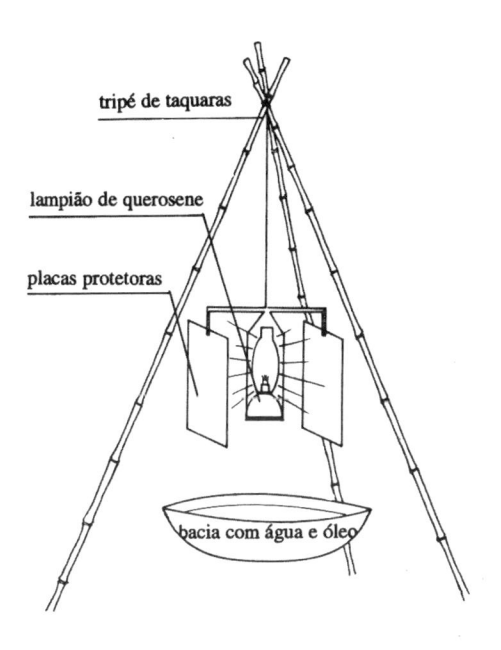

Figura 2 – Armadilha luminosa para pequenas lavouras

- tripé de taquaras
- lampião de querosene
- placas protetoras
- bacia com água e óleo

Figura 3 – "Luz negra" para a captura das mariposas, mães das lagartas-da-soja

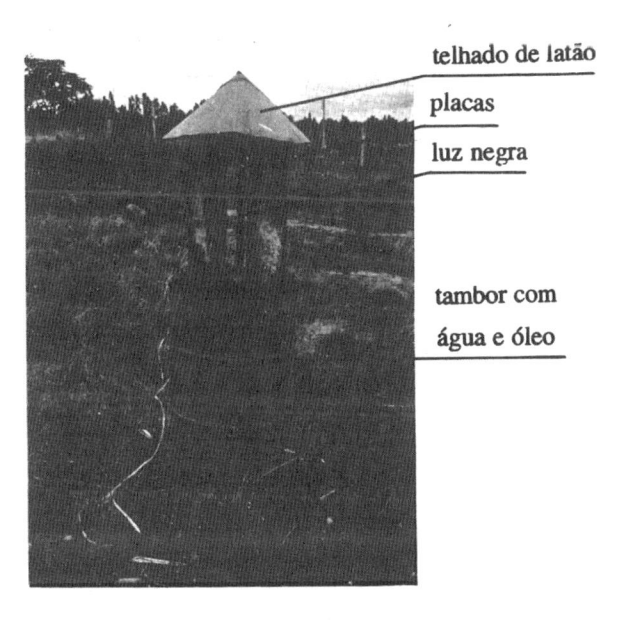

- telhado de latão
- placas
- luz negra
- tambor com água e óleo

Lagarta-do-cartucho do milho (*Spodoptera frugiperda*)

Os biodinâmicos costumam incinerar três animais de praga, sejam lagartas, lesmas e até passarinhos, e fazem uma "dinamização" até à nona potência. Isso quer dizer: misturam-se 1 g de cinza com 9 ml de água, mexe-se 3 a 4 minutos rapidamente e misturam-se estes 10 ml resultantes com 90 ml de água. Mexe-se novamente, misturando-se depois os 100 ml com 900 ml de água (3ª dimensão), e assim por diante. Conforme o que se pretende pulverizar – uma lavoura ou somente uma horta –, começa-se novamente com 1 ml desta solução (o resto se guarda) e continua até alcançar 9 diluições. Isso se pulveriza sobre o campo ou horta atacados, e a praga desaparece. Alguns polvilham somente a cinza ao redor do campo e outros esmagam os insetos ou lagartas de 3 a 10 exemplares, diluindo-os em 10 litros de água, que se usa para pulverização. Também no Iapar fizeram-se ensaios positivos com insetos esmagados e diluídos. Por que isso funciona, não se sabe.

Lesmas

Em verduras e moranguinhos frequentemente aparecem lesmas. Em hortas pequenas uma tartaruga resolve, embora ela também possa comer verduras.

Na biodinâmica, prepara-se o seguinte defensivo: catam-se 10 a 15 lesmas ou caracóis, sempre da espécie que se quer combater, e faz-se uma infusão com 1 litro de água fervendo. Deixa-se fermentar durante 2 a 3 dias até estar com cheiro podre. Dilui-se em 5 a 10 litros de água e regam-se abundantemente as plantas atacadas. Aplica-se a solução preferencialmente de tarde, quando já não tiver muito sol. Normalmente deve-se repetir a aplicação 2 a 3 vezes em espaço de 5 em 5 dias.

Armadilha: enterra-se uma vasilha rasa até a metade e enche-se com cerveja e bastante sal. Mais ou menos para 1 copo de cerveja uma colher (sopa) bem cheia de sal. As lesmas, atraídas pela cerveja, tomam-na e morrem.

Mandarová do mandioqueiro (*Erinnyis ello*)

No Norte do Paraná e Santa Catarina, o mandarová do mandiocal se torna uma praga cada vez mais devastadora. Por enquanto, seu único combate foi feito com clorados. A Empresa Catarinense de Pesquisa Agropecuária (Empasc) isolou o *Baculovirus erinnyi*, que, preparado da mesma maneira como a da soja e pulverizado sobre o mandiocal, mata 95% dos mandarovás e ainda tem efeito residual, protegendo a cultura por tempo prolongado.

Moleque-da-bananeira (*Cosmopolites sordidus*)

É uma broca que ataca o rizoma da bananeira. É grandemente distribuída pelo Brasil. O besouro deposita seus ovos no colo da raiz e as larvas fazem galerias na parte inferior do colmo. Começam a secar as folhas centrais das bananeiras, os cachos diminuem muito e os pés podem morrer. Por enquanto, o único combate foi com clorados, como Aldrin, que se aplicam na cova e com o que se regam também as plantas para serem impregnadas de defensivo.

Armadilha: corta-se um pé colhido da bananeira, em pedaços de 50 cm de comprimento, e espalha-os na plantação perto dos troncos, à base de 20 pedaços por hectare. No dia seguinte, recolhem-se essas iscas e com elas os besouros que ali se instalaram.

Os besouros são mortos por defensivo.

Inimigo natural: a Embrapa está controlando o moleque através do fungo *Beauveria bassiana*, especialmente em regiões já muito poluídas por defensivos e onde a praga se tornou resistente.

Mosca-branca do feijoeiro (*Bemisia argentifolii*)

A mosca-branca não só transmite ao feijociro o vírus do "mosaico dourado", mas também ataca as plantações de soja. Ela aparece especialmente no feijão-da-seca, plantado entre janeiro e fevereiro, mas raramente prejudica naquele plantado em fins de dezembro até início de janeiro.

A mosca-branca é muito pequena e vive no lado inferior das folhas, de modo que os praguicidas, como Lorsban, não a alcançam facilmente, tendo, portanto, ação limitada. Muitas vezes ataca as plantinhas recém-emergidas, inoculando-as com o vírus. As folhas tornam-se mosqueadas de amarelo, encrespam-se e a colheita fracassa. Isso ocorre tanto em lavouras secas como em irrigadas, de modo que se usa passar defensivo de 4 em 4 dias.

Armadilhas: no Paraná, descobriu-se a atração do amarelo sobre a mosca-branca e sobre as moscas em geral. Toma-se uma tira de lona amarelo-vivo, com mais ou menos 60 cm de largura e 6 a 8 m de comprimento, e coloca-se entre duas taquaras amarradas na frente do trator. As mosquinhas atraídas pelo amarelo pulam contra as tiras de lona e grudam-se no óleo diesel com que foram pintadas. Não pode ser óleo queimado para não ofuscar a cor. De vez em quando, limpa-se a tira de lona das moscas grudadas e passa-se novamente o óleo diesel. Isso dizima consideravelmente a população das moscas, mas nem sempre salva a lavoura.

Repelente: em São Paulo, usa-se um repelente contra a mosca-branca. Logo após a emergência, pulverizam-se as plantinhas com uma solução de 50 ml de creolina e 100 litros de água, de modo que, numa bomba de 600 litros, se colocam 300 ml de creolina. Se chover logo após a pulverização, o efeito é anulado.

Plantas companheiras: como a mosca-branca costuma voar de um lugar para outro, duas fileiras de milho bem juntas após cada 4 fileiras de feijão limitam os danos consideravelmente. Na consorciação milho-feijão, o feijão não é atacado. Como o milho é uma planta companheira do feijoeiro, este se torna mais vigoroso e mais sadio em presença do milho. O plantio da árvore Santa Bárbara ou cinamomo (*Melia azedarach*) na beirada do campo também protege a plantação da mosca-branca.

Mosca-das-frutas (*Ceratitis capitata*)

A mosca-das-frutas ataca tanto os pêssegos como goiabas, maçãs, laranjas e outras frutas. É uma das piores pragas na fruticultura. Para se conseguir frutas sadias, estas têm de ser ensacadas ou intensamente pulverizadas com agrotóxicos. Porém, existe outro método de controle.

Armadilhas:

1. Amarra-se em cada segunda ou terceira árvore uma tira de lona amarela na qual se passou uma cola, preparada da seguinte maneira:

8 partes de breu moído (p. ex. 80 g) e

5 partes de óleo de rícino, que é de mamona (p. ex. 50 g)

Misturam-se os ingredientes e leva-se ao fogo brando durante uns 5 minutos para derreter o breu. A massa não deve ferver. Esta cola é eficiente durante uns 8 dias. As moscas, atraídas pelo amarelo, grudam-se nas tiras.

2. Usam-se frascos plásticos de 1/2 litro (frascos de soro), nos quais se coloca uma mistura de: 200 ml de xarope de açúcar ou calda de fruta, conforme as árvores que se quer proteger, e 200 ml de Malathion pronto para uso.

Estes frascos são pendurados em cada quinta árvore. As moscas, atraídas pelo açúcar, entram e morrem pelo praguicida. Onde tem abelhas, este sistema não deve ser usado.

Criação do "inimigo natural": abrem-se valas de 30 cm de profundidade no pomar e colocam-se as primeiras frutas bichadas que aparecerem. Cobre-se a vala com uma tela de 2 mm e coloca-se terra às bordas para fechar bem as valas e impedir que haja alguma saída. As larvinhas das frutas transformam-se em moscas, que ficam presas nas valas. Logo aparecem umas vespinhas (*Canaspi carvalhoi*) pondo seus ovos nas moscas, multiplicando-se rapidamente. Em seguida, patrulham o pomar, que elas protegem eficientemente.

Oidium (*Erysiphe*), feijão-miúdo ou caupi, feijão-de-corda (*Vigna sinensis*)

O Centro de Arroz e Feijão (CNPAF) da Embrapa desenvolveu uma técnica muito simples e barata para o combate do fungo. Quando as plantinhas tiverem 20 dias de idade, são pulverizadas com uma solução de 1% de creolina, ou seja, 1 litro de creolina para cada 100 litros de água.

Percevejo-verde ou fede-fede da soja (*Nezara viridula*)

Os percevejos geralmente entram pelas beiradas do campo oriundos da vegetação nativa. Sugam a seiva da soja e impedem sua carga normal, atrasando igualmente a maturação das folhas. Estas se apresentam ainda verdes enquanto os pés não atacados já amareleceram jogando suas folhas. Por isso, o povo a chama de "soja louca", que esqueceu de amadurecer.

Trabalhadores que capinaram uma cultura vizinha jogaram suas camisas suadas na beira do campo de soja. Quando à tarde quiseram apanhar suas camisas, estas estavam lotadas de percevejos-verdes atraídos pelo cheiro do suor. Daí surgiu a ideia de uma armadilha.

Armadilha: prepara-se uma solução de:
10 litros de água
300 g de sal
100 ml de Dipterex comercial
250 ml de urina "choca"

Nesta solução embebem-se panos de juta, que se colocam em 50 a 50 metros, em estacas inclinadas na beirada do campo. Os percevejos sentam nos trapos e morrem devido ao praguicida.

Pulgões (*Afídeos*)

Em hortas e pequenas lavouras podem ser combatidos:
1 – com caldo de fumo-de-corda (nicotina):

100 g de fumo-de-corda picado e deixado à noite em 1 litro de água (se deixar mais tempo, fermenta). Desta solução dilui-se meio litro em 10 litros para pulverizar as plantas atacadas;

2 – caldo de rotenona: usa-se a mesma preparação feita para os ectoparasitas de gado;

3 – misturam-se:

40 g sabão-de-pedra picado e dissolvido ou pasta de sabão;

125 g (1/8 de litro) de querosene;

1 litro de água quente.

Coloca-se o sabão na água quente até se dissolver totalmente. Agora adiciona-se o querosene e agita-se até formar uma emulsão branca. Dilui-se a 25 litros com água fria. Esta emulsão serve contra pulgão, cochonilha e ácaro-vermelho.

Saúvas (*Atta spp.*)

A saúva se assenta em terras onde desapareceram as formigas carnívoras. Elas cortam folhas, levam-nas ao seu jardim, onde as usam como meio de cultura para seus fungos, que ali plantam e dos quais vivem. Folhas que formaram proteínas elas não cortam.

Quando existem poucos sauveiros, pode-se fazer o combate plantando-se gergelim ao redor. As saúvas levam as folhas para suas hortas, mas seus fungos não crescem nestas folhas e as saúvas morrem de fome. Porém, elas somente levam folhas de gergelim nativo, galhado. Não tocam em folhas do gergelim geneticamente melhorado para a colheita mecânica.

Outro sistema é o de jogar mandioca-brava ralada ao redor dos olheiros, que elas levam, ficando intoxicadas pelo ácido cianídrico.

Para proteger alguma roseira ou canteiro da invasão de saúvas, espalha-se terra de sauveiro ao redor, podendo usar também farinha de ossos ou carvão moído. Nenhuma saúva passa por aí. Em árvores pode-se amarrar lã de ovelha, onde não conseguem passar. Se houver muitas saúvas estes métodos são insuficientes.

Tomateiro e suas doenças

Aqui não se combatem doenças, mas fortalece-se o tomateiro aumentando sua resistência.

1 – Pulverizar ou regar as plantas com resíduos do biodigestor. Pode-se produzir este "resíduo" também sem biodigestor. Num tonel de óleo diesel vazio, colocam-se 50 kg de esterco de gado, 50 kg de capim e 50 litros de água. Fecha-se hermeticamente com um plástico e através de um furo inserta-se uma mangueira plástica, cuja outra extremidade é submergida num balde com água, para que o gás possa escapar, mas o ar não possa entrar. Em três a seis semanas, o material é fermentado. Dilui-se o líquido (1:1) com água e regam-se as plantas. Estes tomateiros não pegam doença.

2 – Pulverizar os tomateiros de 8 em 8 dias com leite desnatado, usando-se uma diluição de 1/3 com água, ou seja, 1 litro de leite e 3 litros de água. É um método para fortalecer as plantas. O mesmo efeito se consegue com preparados de aminoácidos, como "Orgasol" ou "Aminon", que se encontra no mercado.

3 – Um preventivo contra doenças fúngicas é uma calda de 7 dentes grandes de alho macerados e 1 litro de água. Deixa-se esta mistura curtir durante 10 dias antes de usar para pulverização de tomateiros, diluída em 10 litros de água.

Vaquinha ou "patriota" (*Diabrotica speciosa*)

As vaquinhas, besourinhos verde-amarelos, são uma praga séria em hortas e lavouras de feijão. Mas elas podem ser atraídas por iscas.

Armadilha: corta-se a raiz de taiuiá (*Cayaponia martiana*), uma cucurbitácea, e coloca-se espetada em estacas na horta ou no campo. As vaquinhas sentam nestes pedaços. Se forem embebidos com Malathion, os insetos morrem ali mesmo. Efeito semelhante exerce a poronga (cabaça) cortada.

Verificou-se que a planta inteira de taiuiá tem efeito atraente, de modo que se pode plantá-la nas bordas do campo e matar nelas as vaquinhas, usando agrotóxicos.

Caldo de vaquinhas – no Iapar foram feitos ensaios com o caldo de vaquinhas. Atraem-se primeiro as vaquinhas com raiz de taiuiá ou pedaços de poronga e coletam-se numa vasilha. Moem-se 700 vaquinhas num liquidificador, com um pouco de água, coa-se o líquido e dilui-se em 200 a 225 litros de água, ou seja, a quantidade suficiente para pulverizar 1 hectare. O efeito repelente dura de 7 a 10 dias. Após este prazo, tem de se pulverizar novamente. O controle é muito bom.

Ectoparasitas em gado: berne, carrapatos, piolhos e sarna

Especialmente em gado de raças europeias, os ectoparasitas abundam. Mas, enquanto nos bovinos os bernes e os carrapatos são mais frequentes, em bubalinos são os piolhos. Estes parasitas obrigam a banhos frequentes do gado com praguicidas. Atualmente, usam-se praguicidas sistêmicos injetáveis ou passados no lombo dos animais. São substâncias altamente tóxicas e existem certos receios em gado de leite e gado de cria. E como o efeito é prolongado, mais ou menos 3 meses, há também certas precauções em gado para o abate.

Porém, em todos os tipos de gado, tanto em bovino, bubalino, equino, caprino, ovino e suíno, os ectoparasitas podem ser combatidos eficientemente com rotenona. A substância é tirada do timbó, ou seja, uma planta ictiotóxica, o *Lonchocarpus nicou*, que existe no Brasil inteiro e é cultivado nos países andinos, como Peru e Equador. Não deixa resíduos na carne.

No Brasil, a pesquisa é feita pelo Centro de Pesquisa do Trópico Úmido (Cpatu), usando-se como matéria-prima as raízes secundárias do timbó. Todos os timbós têm efeito nefasto sobre os animais de sangue frio, mas não afetam animais de sangue quente, como mamíferos.

Modo de preparar – 500 g de raízes secundárias frescas de *Lonchocarpus nicou* são amassadas com um martelo ou em moinho de martelo para poder se extrair o líquido branco. Junta-se 1 litro de água e espreme-se. Agita-se novamente o bagaço com água espremendo-o em seguida, e assim por diante, até ser extraído todo o líquido branco. Agora dilui-se o extrato em 100 litros de água fria. Esta solução está pronta para uso e é o suficiente para pulverizar 500 bois, búfalos ou cavalos. Também serve para porcos.

Em lugar do extrato líquido, pode-se produzir pó.

Modo de preparar o pó de timbó – Cortam-se as raízes secundárias de timbó e secam-se na sombra. Quando bem secas, são moídas num moinho de martelo, como se usa para quebrar milho para a ração de gado, e passa-se por uma peneira com 48 fios/cm^2. Mistura-se ao pó de timbó 5 a 8 partes de gesso, ou seja, para cada 100 g de timbó acrescentam-se 500 a 800 g de gesso ou argila seca e moída. Nesse polvilho tem 0,5 a 1,0% de rotenona e serve especialmente para o combate de ácaros em culturas.

Extrato de timbó para sarna: para o tratamento de sarna, as raízes necessitam ser moídas mais finamente até que passem 60% por uma peneira de seda de 78 fios/cm^2 e 40% por uma peneira de 48 fios/cm^2. Este pó é dissolvido em álcool.

Tintura de timbó em acetona – Amassam-se muito bem 50 g de raízes secundárias de timbó e colocam-se num copo com acetona. Fecha-se hermeticamente e agita-se. Após repousar durante 24 horas, é filtrado e diluído em 1 litro de álcool de 42° GL. Com esta tintura combatem-se piolhos e sarna em cachorros, gatos e porcos.

Berne (*Dermatobia cyaneiventris*)

O bicho-berne é a larva de uma mosca, a "berneira", que geralmente deposita seus ovos em outras moscas, que depois depositam as larvinhas em animais. Em animais suscetíveis, furam a pele e se nutrem do seu sangue, até que deixam o animal, para se empupar na terra. Esses calombos de berne coçam muito e podem fazer o gado emagrecer bastante.

Em São Paulo e Minas Gerais usa-se nas fazendas frequentemente uma mistura de:

90 g de fumo-de-corda deixados em 1 litro de água durante a noite;
15 g Neguvon;
10 litros de óleo queimado (do carter).

Tem de ser muito bem misturado e durante o uso vigorosamente mexido, porque água e óleo não se misturam facilmente. Esta mistura passa-se sobre os calombos de berne no gado, mediante um pano enrolado num pau. As larvinhas do berne saem logo em seguida. A vantagem é que a concentração de Neguvon é bem menor e a adesão à pele é melhor.

Calda sulfocálcica (serve para berne e bicheiras): numa lata de 20 litros, colocam-se 1,2 kg de cal virgem, 1,5 kg de flor-de-enxofre e 10 litros de água. Misturar bem até que fique homogeneizado. Ferver durante 20 a 30 minutos até que adquira uma cor avermelhada. Coar e diluir em 100 litros de água. O pó que passou pelo coador também passa pelo bico da pulverizadeira. Bernes e bicheiras secam.

Enxofre para gado de corte: para gado de corte pode-se misturar ao sal, para cada 100 kg, 800 g de flor-de-enxofre. Os animais ficam sem berne. Em gado de cria não pode ser usado, porque prejudica o feto ou causa aborto.

Armadilhas para capturar moscas-berneiras: colocam-se armadilhas se houver uma infestação muito grande de moscas-berneiras e moscas varejeiras em potreiros-maternidade ou chiqueiros. O modelo foi desenvolvido na Universidade de Jaboticabal/SP. Pega-se uma lata de aveia, leite em pó ou óleo de cozinha e abre-se em cima. No fundo, cola-se um pauzinho quadrado de 2,5 cm de grossura e corta-se ao lado deste "estradinho" uma entrada de 2,0 cm de largura e 0,7 cm de altura. No "estrado" fixa-se um pedaço de carne com um alfinete. Agora fecha-se a lata com um funil de papelão ou lata e amarra-se por cima um saco plástico. As berneiras são atraídas pelo cheiro de carne que apodrece, mas, como a luz entra de cima, tentam sair por ali e ficam presas no saco plástico.

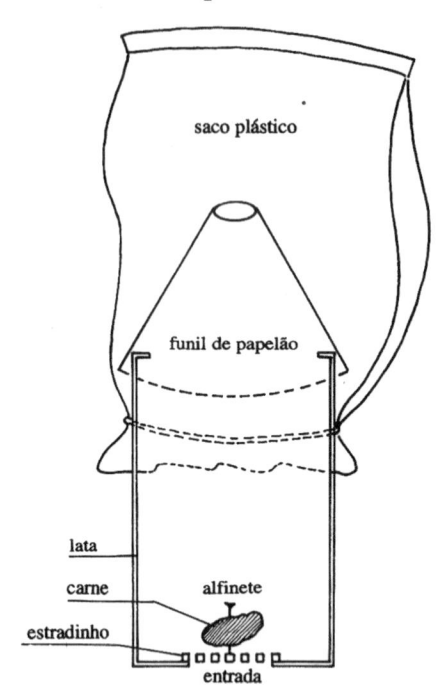

Figura 4 - Armadilha para moscas-berneiras

(saco plástico, funil de papelão, lata, carne, estradinho, alfinete, entrada)

Piolhos de galinhas (*Dermanyssus gallinae*)

Recomenda-se aplicar de vez em quando cal hidratada no galinheiro e fazer a limpeza total dos ninhos. Mas, para não juntar piolhos nos ninhos, usam-se, em lugar de palha, folhas e ramos de assa-peixe (*Vernonia polyanthes*). Os piolhos ficam presos nas asperezas das folhas e morrem.

Bouba (*Poxvirus avicolas*) em pintos e frangos

Os agricultores antigos usam passar miolo de abóbora nas partes afetadas dos pintos e frangos e as boubas secam.

Em Minas Gerais usa-se dar fubá fermentado com fermento fresco. A cada meio litro de fubá, usa-se um tablete de fermento e água suficiente para dar um mingau grosso. Deixa-se fermentar durante 24 horas, esperando até que a massa passe o ponto de crescer e já caia novamente, começando a azedar. Agora, dá-se esta massa aos pintos e frangos. Quem não tem bouba não adoece e quem está com bouba sara. Mesmo vacinando-se as aves contra bouba, é interessante dar este fubá fermentado para fortalecer os animais.

Um pingo de creolina para cada 8 litros de água de beber mantém os pintos e frangos com saúde.

Mosca de estábulo (*Stomoxys calcitrans*)

Especialmente nas granjas leiteiras, as moscas são uma praga. Podem-se colocar as fitas amarelas com cola de breu e rícino, mas muito mais interessante que combater as moscas é eliminar as larvas delas, evitando-se seu desenvolvimento.

Fazem-se molduras de 40 x 60 cm ou 50 x 80 cm e prega-se uma tela de arame com malha de 0,5 cm embaixo. A moldura coloca-se numa armação de 4 pés ou diretamente em cima de uma gaveta de folha zincada. Em cima, distribui-se uma camada de 3 cm de esterco de gado semisseco. As moscas põem aí seus ovos e as larvas, na tentativa de se enterrar, caem pelas malhas. Coloca-se um praguicida diretamente na gaveta de folha zincada. Também pode-se franquear o estábulo por algumas horas para as galinhas, que catam as larvas. (Figura 5)

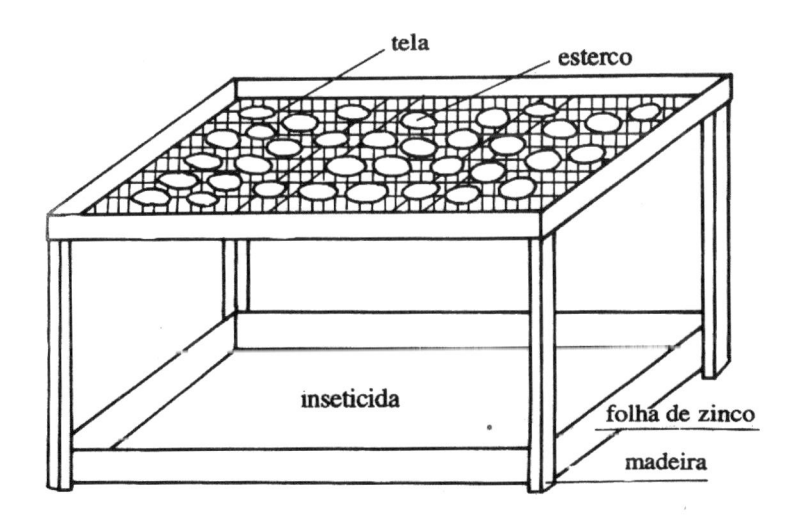

Plantas invasoras

As plantas invasoras são ecótipos e dependem tanto das condições do solo como das plantas que os acompanham e as culturas que se plantam. Seu combate depende, pois, de capinas, cultivação, herbicidas, mas igualmente da rotação de culturas e dos adubos utilizados.

Uma rotação bem feita pode diminuir consideravelmente a incidência de invasoras.

Pelo Iapar, foram feitos ensaios neste sentido, que são mostrados na tabela 5.

Tabela 5 – Extrato de palha sobre a germinação de semente, em porcentagem de sementes germinadas (1983)

Tratamento	Capim-marmelada	Capim-carrapicho	Amendoim-bravo	Picão-preto
Testemunho (água)	100	100	100	100
Trigo	73	81	108	47
Aveia	63	75	110	40
Centeio	84	63	106	20
Tremoço	19	6	110	0
Nabo-forrageiro	22	50	88	0
Colza	9	18	0	0

Verifica-se que, de acordo com o tipo de extrato de palha, a germinação é aumentada ou diminuída. Idêntico efeito conseguiu-se com cobertura morta.

Capim-marmelada ou capim-papuã (*Brachiaria plantaginea*)

O capim-marmelada é uma praga em muitas lavouras, porém, é altamente autointolerante. Roçando-o três vezes e deixando a palha espalhada sobre o chão, ele elimina a si mesmo.

Num ensaio, nesse sentido, foi passado o rolo-faca por cima do capim-marmelada já maduro e sementado. Durante 3 meses não nasceu nenhuma planta de capim-marmelada. A única invasora que apareceu abundantemente foi o cravo-bravo (*Tagetes*). Após a aração do campo apareceu o capim-marmelada.

O combate de invasoras por plantas alelopáticas ou hostis, que foi introduzido por H. Lorenzi (1984), é cada vez mais pesquisado (tabela 6).

Tabela 6 – Efeito alelopático de cobertura morta

Palha por cobertura morta	Plantas prejudicadas
Capim-arroz (*Echinochloa crusgalli*) *Setaria faberi* Erva formigueira (*Chenopodim album*)	milho
Caruru-gigante (*Amaranthus retroflexus e spp*) Girassol (*Helianthus annuus*)	soja
Feijão Cravo-bravo (*Tagetes patula*) Mucuna-preta (*Mucuna aterrima*)	feijão e sorgo
Feijão-de-porco (*Canavalia ensiformis*)	tiririca
Cravo-bravo	amendoim-bravo, corda-de-viola, caruru, carrapicho-beiço-de-boi, melão-são-caetano
Trigo, sorgo, milho, aveia	plântulas de trigo até 4 semanas
Nabo-forrageiro	crescimento inicial de milho

Na tabela 5, observa-se que o capim-marmelada é controlado por tremoço, nabo-forrageiro e colza; o capim-carrapicho, por tremoço e colza e o amendoim-bravo, totalmente por colza. Uma rotação soja--colza controlaria perfeitamente o aumento de amendoim-bravo.

Como foi mencionado, a cobertura morta tem efeito distinto sobre a germinação de sementes. Assim, na pesquisa do Plantio Direto, Almeida (1985 e 1988) mostra quais as plantas prejudicadas por outras, atribuindo isso ao efeito alelopático.

Da mesma maneira que uma cultura pode combater invasoras, ela pode criar invasoras próprias (Tabela 7).

Tabela 7 – Invasoras criadas pelo cultivo

Cultura	Invasora criada
Soja	Amendoim-bravo
Trigo	Nabiça
Centeio	Papoula
Sorgo	Capim-carrapicho
Cana-de-açúcar	Tiririca

A rotação das culturas é um meio eficiente de diminuir o aparecimento de determinadas invasoras, porém, pode influir desfavoravelmente sobre outras culturas quando mal planejada.

O pequeno agricultor possui mais um meio de diminuir as invasoras. É o plantio em dias certos.

Plantas companheiras

No combate integrado de pragas e doenças, a "planta companheira" ganha importância. Antigamente, o caboclo plantava milho consorciado com feijão e abóbora, sabendo do efeito benéfico de uma cultura sobre a outra.

Quando se iniciou a mecanização, passou-se a usar monoculturas por serem mais facilmente mecanizáveis. Mas o ônus de pragas e doenças que se paga por isso é pesado e o combate destas se torna cada vez mais difícil. Hoje em dia as consorciações voltaram a ser pesquisadas.

Tabela 8 – Plantas companheiras e plantas alelopáticas

Plantas benéficas (companheiras) ou beneficiadas	Cultura	Plantas prejudiciais (alelopáticas) ou prejudicadas
Milho	Abóbora	–
Cenoura, rabanete	Alface	Pepino, moranguinho
Mamona, guandu, calopogônio	Arroz	Algodão
Trevo, mucuna-preta	Algodão	Trigo
Feijão	Azevém	Guaxuma
Tomate, salsa	Aspargo	Cebola, alho
Feijão, milho, festuca	Batatinha	Girassol, tomate
cebola	Beterraba	–
Crotalária, feijão-fradinho, guandu	Cana-de-açúcar	–
Beterraba, alface, tomate	Cebola, alho	Ervilha, feijão
Ervilha, alface, cebola, alecrim, tomate	Cenoura	Endro
Milho, nabo, cenoura	Ervilha	Cebola, alho, batatinha
Milho, batatinha, nabo, colza	Feijão	Mandioca, cravo-branco
Soja	Fumo	Tomate
Pepino, feijão	Girassol	Batatinha
Caupi ou feijão-miudo	Gergelim	Sorgo
–	Linho	Trigo, girassol, alfafa
Abóbora. Feijão, melancia, mucuna-preta, feijão-de-porco	Milho	Batatinha, repolho, funcho
Ervilha, feijão	Nabo	–
Fumo	Soja	Aveia-branca, caruru-gigante
Lablab	Sorgo	Gergelim, trigo
Soja	Trigo	Sorgo, trigo-sarraceno ou mourisco
Cebola, aspargo, cenoura, cravo-de-defunto	Tomate	Pimentão, batatinha

Para saber se duas plantas são companheiras, faz-se um teste muito simples. Colhe-se terra do redor da raiz da planta à qual se deseja deixar seguir outra. Esta terra é colocada num prato e planta-se a semente da cultura pretendida. Num outro prato, coloca-se areia lavada, plantando igualmente desta semente. Se a semente na terra nascer mais rápido e em maior porcentagem, as duas culturas são companheiras. Porém, se a semente na areia lavada nascer primeiro e melhor, então, as duas culturas não se gostam. Dentro de três a quatro dias, sabe-se se uma rotação é vantajosa ou inconveniente.

Proteção de grãos armazenados

A conservação de grãos depende de sua nutrição, ou seja, da possibilidade de formarem o suficiente em proteínas à época da colheita, da umidade e das medidas de conservação. Grãos malnutridos somente os agrotóxicos conservam. Grãos bem nutridos, pesados e vítreos, são de fácil conservação.

Milho em espiga, guardado no paiol

Misturam-se ramos e folhas de eucalipto entre as espigas. Para cada camada de 30 a 40 cm de espigas, uma camada de ramos e folhas de eucalipto. Conservam-se durante 6 a 8 meses sem carunchar.

Milho e feijão em grão

Misturam-se, entre os grãos, folhas de louro e dentes de alho. O feijão se conserva melhor quando não foi limpo após a trilha e quando for guardado com terra e cisco.

Feijão em grão

No Nordeste, usam-se as folhas de marmeleiro, que são de diversos arbustos do gênero *Croton*, como sangue-de-dragão, velame-do-campo e semelhantes. Coloca-se uma camada de folhas verdes de marmeleiro no fundo do saco e depois mais ou menos 20 kg de feijão. Segue outra camada de folhas e outra de feijão. Quando o saco estiver cheio, cobre-se o feijão com uma camada mais grossa de folhas e costura-o.

Como a *toxalabumina cursina* em Crotons, substância ativa (irritante e vesicante) da *euforbioacea marmeleiro*, é muito parecida com o rícino, substância ativa da mamona, é possível que a mamona tenha efeito idêntico de insetífugo. Aliás, é comum plantar mamona ao redor das casas para espantar insetos. Antigamente se usava a consorciação com marmeleiros para atuar como insetífugo nas lavouras.

Outro método é o de usar uma lasca de casca de imburana-de-cheiro (*Torresea* ou *Amburana cearensis*), também conhecida como cumaru, pondo-a no meio do saco de feijão. A casca deve estar bem seca.

Ambos os métodos conservam o feijão durante 8 a 9 meses sem carunchar. É vantajoso colocar algumas cascas de cumaru entre os sacos empilhados.

Para a dona de casa, pode-se usar o seguinte método: enche-se uma lata de 20 kg com feijão e coloca-se dentro uma vasilha com álcool que se acende. Enquanto o álcool queima, fecha-se a lata hermeticamente. Todo o ar é queimado e o feijão se conserva.

Cobras, repelente

Na Amazônia, usa-se um repelente contra cobras e que se passa nas pernas. Derrete-se em banho-maria um pedaço de cera de abelha do tamanho de um tomate e junta-se uma xícara de óleo de copaíba. Mistura-se bem, tira-se do fogo (não pode ferver) e adicionam-se duas colheres das de sopa de pó de urucum (colorau). Não somente espanta mosquitos, mas também cobras.

No Sul, usa-se carregar um pedaço de fumo-de-corda no bolso, porque as cobras detestam este cheiro. Plantando-se arruda e fumo ao redor da casa, não há cobra que chegue perto.

PARTE III

CONTROLE ECOLÓGICO DE PRAGAS E PESTES

A tecnologia agrícola atual possui uma capacidade incrível de desgaste dos solos e de destruição de ecossistemas. As consequências são:

1. *erosão*: já devastou grandes regiões e está se instalando nas últimas "fronteiras agrícolas", os cerrados. Tenta-se controlá-la através de "microbacias", ou seja, curvas de nível, passando os limites de propriedades (manejo integrada de conservação do solo), abrangendo as microbacias de relevo, independente da posse da terra.

Pretende-se sanar deficiências biológico-físicas dos solos por meio dos mecânicos. É como querer substituir uma perna por uma muleta;

2. *efeito decrescente dos adubos comerciais*: como não se consegue aumentar a produção através de terraços e curvas de nível, tenta-se isso por meios químicos. Mas, quanto pior a compactação e o adensamento do solo – e somente de solos compactados a água escorre – e quanto menor a quantidade de poros grandes na superfície do solo, que justamente são os de arejamento e de penetração da água, tanto menor será o efeito de adubos solúveis. Até o ponto em que as dificuldades das plantas, devido à falta de oxigenação da raiz, aumentam graças à maior concentração de adubos solúveis. Isso significa que os adubos (efeito salino) podem diminuir as colheitas em solos com condições físicas desfavoráveis;

3. *aumento de pestes e pragas por desequilíbrios biológicos e baixa resistência das plantas*: pragas e pestes são simplesmente o sinal da decadência do solo. Todas as medidas que recuperam o solo em sua integridade, isto é, físico-biológico-químicas, são medidas que impedem a criação de pragas e doenças.

O problema atual é que se enxergam somente fatores isolados em lugar de conjuntos ecológicos que correspondem à realidade, e se tomam sintomas por causas. Por isso, também, não se verifica que a decadência dos solos e, com isso, das culturas, equivale à decadência da espécie humana, que se nutre dos produtos incompletos e decadentes. Tudo que vive somente é um elo dos conjuntos ecológicos e dos ecossistemas.

Mas nem sempre os homens ignoraram sua origem: 400 anos antes de Cristo já se conhecia a inter-relação entre os organismos, a associação do conjunto deles e o meio ambiente em que viviam.

Em 1640, um poeta inglês, desesperado com a visão unifatorial que surgiu com a "ciência moderna", a análise e a especialização, conta a seguinte história:

> O cavalo de um mensageiro perdeu um prego de uma ferradura. Em consequência disso caiu, um pouco mais tarde, a ferradura. Somente com três ferraduras o cavalo não podia seguir o caminho e tinha de ser abandonado. A pé, o mensageiro não podia chegar em tempo; ele faltou com os seus compromissos de entregar as ordens rapidamente. E porque as ordens não chegaram, a batalha foi perdida e o reino vencido e subjugado. E tudo por causa de um prego! E não há acontecimento na natureza, tão insignificante que seja, que não desencadeie uma série de modificações. Cada acontecimento tem suas consequências diretas e colaterais e que podem ser até mundiais.

Assim, um circuito elétrico numa indústria química na Suíça provocou um incêndio num dos armazéns, e os bombeiros, ao apagar o fogo, derramaram algumas toneladas de herbicida, que foram levados para o Rio Reno. Morreram os peixes do rio, os pescadores ficaram sem emprego e as populações ribeirinhas, sem água potável.

Os peixes da plataforma marinha, na desembocadura, tornaram-se envenenados, imprestáveis para o consumo humano. Três países ficaram seriamente prejudicados, e tudo por causa de um pequeno descuido de um eletricista.

Ou a curiosidade de um operador do reator de Chernobil, que provocou um desastre de proporções continentais.

Graças às modificações dos solos e do ambiente, dos rios e do ar, ou seja, de nossa base vital, modificaram-se a saúde, o vigor e a inteligência humana. Assim, nos recrutamentos na Holanda, somente 10% ainda estão aptos para o serviço militar. Todos os outros têm sérios problemas de saúde. E as escolas profissionais necessitaram baixar de 5 em 5 anos o nível curricular, por causa da diminuição da inteligência.

No Brasil, 50% dos jovens têm problemas físicos, mentais ou nervosos. Parece que a previsão de Smith, no início do século, não estava tão errada: ele disse que no ano 2000 a maioria dos seres humanos seriam débeis mentais ou aleijados.

Tudo o que é vivo está submetido às leis da natureza! E elas são eternas e imutáveis, mesmo se, pela nossa livre vontade e raciocínio, pudermos modificar esta programação ou trocar algo por uma coisa que nos pareça mais sedutora. Assim, por exemplo, uma parte do oxigênio do ar, a trocamos para o uso em máquinas de combustão, para poder voar e andar de carro.

Pela inter-relação e adaptação se forma a vida de um lugar sempre com o fim de otimizar o conjunto sob as condições existentes deste ambiente. Portanto, nunca existem fatores isolados e estáticos, mas somente conjuntos dinâmicos, que vão da mata virgem ao deserto. Deve ser lembrado que a natureza aciona certos procedimentos de forma construtiva quando inicia a transformar um ambiente natural primário, ou seja, de rochas expostas, inóspitas à produção e à vida superior (quente, seco, ventoso, sem condições de desenvolvimento radicular, com amplitudes térmicas e hídricas extremas, sem cadeia e teia alimentar visível), em ambiente natural clímax (florestal), altamente hospitaleiro à vida superior e à produção de biomassa. Inicia com o estabelecimento de uma infraestrutura essencial que capte e armazene água das chuvas: o solo permeável rico em material orgânico. A proteção do solo permeável é essencial. A biodiversidade garante esse desenvolvimento construtivo, sintrópico, em que vão sendo estabelecidos os serviços ecossistêmicos essenciais à vida superior e à produção de biomassa, e vão aparecendo características químicas, físicas e biológicas emergentes que permitem a maior diversidade biológica, permitindo a maior produção de biomassa por unidade de área de energia solar incidente. Todas as práticas que desmontam as infraestruturas essenciais (os serviços ecossistêmicos essenciais) e impermeabilizam o solo representam uma regressão ecológica, uma volta a condições de ambientes naturais primários, inóspitos à vida superior e à produção de biomassa. Deve-se desenvolver práticas agrícolas que não sejam mineradoras, mas conservadoras e construtivas, estabelecendo condições superiores ao meio termo entre as condições de ambientes naturais primárias e naturais clímax.

O controle ecológico de pragas

O controle ecológico de pragas parte de um enfoque completamente diferente do combate químico ou biológico. Não procura matar a praga, que é considerada um sintoma da decadência geral do conjunto, mas procura não criá-la. Nunca considera a praga um flagelo e que aparece simplesmente porque se plantou determinada cultura. Nem a vê como um fator isolado que surge para dificultar a vida do agricultor ou porque está faltando o "inimigo natural" que sumiu de maneira inexplicável.

Pestes e pragas são a consequência da destruição dos equilíbrios naturais e exigem dois fatores para poder prejudicar a cultura:

1. O agente parasita necessita ser favorecido pelas técnicas agrícolas, podendo-se multiplicar descontroladamente por falta de outros seres vivos, capazes de sobreviver neste ambiente.

2. A planta necessita ser suscetível, favorecendo o parasita. Todos os fatores desfavoráveis à formação de novo citoplasma, proteínas, vitaminas, enzimas, açúcares, graxas, hormônios, substâncias aromáticas, fenóis e outros, e que provocam a acumulação de substâncias solúveis na seiva, como substâncias azotadas aminoácidos, açúcares simples etc., favorecem a nutrição e procriação de micro-organismos e insetos. Também as plantas invasoras não aparecem porque suas sementes existiam no solo, mas porque encontram também condições favoráveis ao seu crescimento e reprodução. Muitas invasoras são plantas indicadoras, acusando lajes, encharcamento no subsolo, falta ou excesso de um nutriente, ou são, simplesmente, o produto da monocultura, das quais a natureza lança mão para sanar os desequilíbrios causados.

Os parasitas não aparecem para prejudicar alguém, mas porque encontram condições favoráveis para sua alimentação, maturação e reprodução. Se estas condições não existirem, não atacarão as plantas de maneira a trazer danos econômicos.

Pode-se ter a certeza absoluta de que a natureza, sem a intervenção humana, estaria em perfeita harmonia. Cada fator se ajusta exatamente ao outro, sendo tudo comparável a um grande computador, no qual cada grão de quartzo, cada fiozinho, cada válvula ou transistor e cada parafuso tem seu papel, seu lugar e seu tamanho certo. E o computador somente funciona se até o menor detalhe estiver em perfeita ordem. E a menor modificação provoca um "defeito operacional".

Todos os seres vivos são programados para sua vida neste conjunto, a que chamamos de biocenose. Ao lugar onde ocorre, chamamos de ecossistema. E esta programação inclui até os menores detalhes numa determinada ação. Por isso, a natureza é chamada de "irracional", porque não possui um raciocínio que possa modificar alguma ação por conta própria. Nos animais superiores, esta atitude é chamada de instinto. Dos micro-organismos até os elefantes, todos agem segundo a programação.

A planta superior é programada para formar substâncias orgânicas a partir de gás carbônico, água e energia, essa tirada da luz, em presença de minerais. E a microplanta, o micro-organismos, são programados para decompor todas as substâncias orgânicas em gás carbônico, água e energia, liberada em forma de calor, liberando igualmente os minerais, que voltam a fazer parte do solo. É o ciclo vital do qual o ser humano participa. Mas cada espécie leva seu programa consigo, no seu padrão genético, e cada variedade programa seu crescimento de acordo com os minerais disponíveis no momento da germinação. E esta programação é muito rígida e assemelha-se muito ao computador, que não pode executar nenhum "IF" ou "se alternativo" se não for programado para tal. Por isso, o trabalho com a natureza é relativamente fácil. Somente necessita-se saber para que um determinado fator foi programado.

Insetos, pequenos animais, bactérias e fungos se nutrem predominantemente de açúcar redutor, aminoácidos e outros produtos solúveis, de baixo peso molecular. Isso significa que dependem de um metabolismo moroso por parte da planta ou de matéria orgânica morta. São somente alguns poucos que conseguem quebrar estruturas mais complexas (peso molecular alto), mas nunca enquanto o ser vivo estiver em pleno vigor.

Chaboussou, para definir isso, criou a palavra "trofobiose", ou seja, a vida em função de sua alimentação ("trofo" diz respeito à nutrição, "bio" é vida). Atualmente pululam insetos, ácaros, nematoides, parasitas, micoses, bacterioses e viroses e, por outro lado, assistimos à ineficiência surpreendente de herbicidas, fungicidas, acaricidas, inseticidas, bactericidas etc., que se tornam cada vez mais complexos, mais tóxicos e mais abrangentes. Enfrentamos uma tecnologia agrícola totalmente despreocupada, especialmente no que diz respeito a:

– *adubação*, com excesso de nitrogênio, desequilíbrio na aplicação de cálcio, potássio e magnésio, falta aguda de micronutrientes;

– *mecanização excessiva*, com máquinas cada vez mais pesadas e compactadoras de solo;

– *matéria orgânica*, com sua negligência quase que total, no aspecto de sua reposição em quantidade e qualidade; e

– *agrotóxicos* e seu uso arbitrário, impensado e irresponsável.

Alguém já perguntou como se ajusta tudo isso na programação da natureza? Um computador iria funcionar se modificássemos arbitrariamente algum componente?

O controle ecológico de pestes e pragas baseia-se:

1. no ecossistema nativo e nos fundamentos de seu funcionamento, de modo especial, quanto à ação do clima sobre o solo;

2. nos equilíbrios biológicos no solo, ou seja, a "pressão interespécie";

3. na nutrição completa e equilibrada das plantas para lhes dar vigor e resistência ou mesmo tolerância.

Como é o ecossistema nativo

Se pretendemos saber quais as condições em que a planta cresce luxuriantemente em clima tropical, devemos conhecer primeiro as condições nativas, ou seja, a organização do ecossistema natural clímax "mata".

1. Na mata existe uma vegetação diversificada, uma policultura perfeita. Uma espécie raramente aparece mais do que três vezes numa área de um hectare. É o modo de se prevenir da criação de pragas, uma vez que, nos trópicos, a multiplicação da vida é explosiva, especialmente de insetos.

2. O clima da mata é ameno, estabilizado, com pequena amplitude térmica. A mata funciona como um imenso termostato. Para cada mililitro de água transpirado e evaporado são retiradas 500 calorias do ar. Deste modo, a temperatura sobre a mata equatorial está ao redor de 21 e 28 °C. A umidade do ar intercepta parte da luz solar, de modo que somente 60 a 65% alcança a vegetação. E a quantidade de luz que

consegue passar pela vegetação e alcançar o solo é de somente 4%. O solo é fresco.

3. O solo é protegido por uma capa tríplice de vegetação: arbórea, arbustiva e herbácea, além da camada de folhas mortas, caídas, a serapilheira e a trama radicular. Deste modo, a água da chuva trópico-torrencial, interceptada pelo dossel das plantas, desliza suavemente para o chão, não podendo golpeá-lo. Por isso, infiltra-se totalmente.

4. Não existe vento neste sistema nativo. Ninguém pretende imitar o sistema nativo que impossibilitaria a agricultura, exceto os sistemas agroflorestais. Temos que derrubar as árvores, plantar nossas culturas, retirá-las do lugar de produção para serem consumidas nas cidades.

Mas podemos minimizar o efeito do cultivo para conservar o potencial de produção de nossos solos. Isso porque o sistema de roçar-cultivar-abandonar não funciona mais devido à população mais numerosa e à necessidade de exportação. Mas também é inadmissível que somente saibamos destruir os solos para depois entregá-los à natureza para recuperação, como ocorre quando se "abandona" uma terra.

Por isso, temos que estudar os pontos básicos de desgaste dos solos, compará-los com o ecossistema nativo e estudar as possibilidades de amenizar o impacto tecnológico, uma vez que já surge a preocupação com a destruição dos solos dos cerrados, considerados como nossa "última fronteira agrícola".

Como funciona a vida do solo

A vida do solo depende essencialmente da matéria orgânica. Esta pode ser: folhas mortas, raízes mortas, palha deixada pelas culturas, excreções radiculares, micro-organismos vivos e mortos, dejeções de animais de todo porte, excreções de micro-organismos, tóxicos e desintoxicantes produzidos por raízes e fungos e, por último, defensivos orgânicos.

A matéria orgânica não é essencialmente "adubo orgânico". Antes de liberar os minerais, tem de ser decomposta. Portanto, ela é primordialmente "alimento" para a vida do solo e com isso, reguladora desta vida. Ninguém iria chamar o capim do pasto de "esterco" somente porque se transformará um dia em tal, após ser comido pelo gado.

A matéria orgânica mantém a vida do solo e esta vida mantém a estrutura porosa do solo e esta estrutura porosa possibilita a vida vegetal graças à entrada de ar e água. Sem vegetais ou plantas, não haveria muita vida neste mundo, e nem solo permeável que capte e armazene água das chuvas, e com temperatura estabilizada.

A maior parte da vida do solo não possui pele ou pelos protetores, mas é somente encoberta numa finíssima película que não protege contra a seca e o calor. Portanto, ela depende de temperaturas amenas e suficiente umidade.

Toda biocenose do solo existe no que se chama de "pirâmide alimentar", na qual os seres mais primitivos são devorados pelos organismos com proteínas mais complexas. Existem exceções nas quais não somente minhocas pastam fungos, mas também fungos sugam nematoides. Mas, via de regra, bactérias são pastadas por amebas, estas por colêmbolos e pequenos vermes, estes por ácaros e pequenas aranhas etc. Quanto mais complexas as proteínas, tanto menos exemplares existem numa área e tanto mais próximos estão do topo da "pirâmide alimentar". Mas todos não comem todos. Existe uma especialização muito grande, porque esses micro e mesosseres não possuem boca e digerem seu alimento fora do corpo. Para isso excretam enzimas. E como enzima é uma "chave patente" para uma única fechadura, ou seja, superespecializada para um único substrato, o pequeno ser somente consegue viver se encontrar exatamente o substrato que sua enzima consegue digerir. E isso é seu azar e nossa sorte. Azar porque se isso de que eles necessitam não existir, eles entram em repouso ou morrem. Mas se o substrato em que forem especializados existir em grande quantidade, multiplicam-se descontroladamente, para a sorte deles e azar nosso.

Todos vivem de algum tipo de matéria orgânica e, quanto mais diversificada esta for ou quanto mais rico um solo for em diversos tipos de substâncias orgânicas, tanto mais diversificada será a vida e tanto maior será a "pressão interespécie", ou seja, o comer e ser comido, e com isso o controle biológico. Se de todos os tipos de matéria orgânica existir um pouco, o perigo de uma peste e praga está excluído.

Muitos fungos e bactérias, mas também nematoides, vivem aliados às plantas como, por exemplo, as bactérias noduladoras ou rizobactérias e as micorrizas, que são mais conhecidas por serem mais ostensivas em sua associação, conhecida como "simbiose". Simbiose é a associação de dois organismos que se beneficiam mutuamente, mas cada simbiose é um contrato de alto risco, pois do aliado ao parasita a distância é pequena.

Também micro-organismos não simbiontes e nematoides vivem no espaço da raiz. Mas ninguém se interessa por eles enquanto não prejudicarem a planta. Os organismos que aí vivem, por princípio e por impulso de autopreservação, não podem estar interessados em prejudicar a raiz e a planta, uma vez que estas são a fonte de sua alimentação e a base de sua vida. Matar a planta seria suicídio. Matar a vaca da qual se tira seu sustento, somente o ser humano é capaz. A vida não está programada para ser irracional.

Em solos ativos, sadios e "vivos", *Fusarium, Verticillium, Rhizoctonia*, nematoides etc. fazem parte da vida normal. Mas quando o solo decai e as plantas lutam por sua sobrevivência por causa de compactações e adensamentos, falta de ar, falta de água e amplitudes térmicas grandes, sofrendo de desequilíbrio nutricional, eles destroem as raízes. E quando se fala de "parasitas obrigatórios" quer dizer que, sempre que uma planta morre, eles aparecem na raiz e no caule.

Como já foi dito anteriormente, simbioses são contratos de alto risco e, se um dos parceiros não cumprir suas obrigações, o outro quer forçá-lo a cumpri-los e, portanto, degeneram em parasitismo.

Normalmente, a micro e a mesovida do solo são a polícia sanitária da natureza, removendo e reciclando o que não presta mais para uma vida ativa e sadia. E, se nossas culturas são atacadas, alguma coisa deve estar fundamentalmente errada, porque não é em vão que os micro-organismos consideram quando as plantas estão "inaptas" para a vida.

Toda vida múltipla e diversificada funciona com matéria orgânica.

A matéria orgânica

A matéria orgânica aproveitada pelos organismos do solo pode ser tanto palha da resteva ou soca e raízes mortas, como excreções de raízes vivas, como aminoácidos, açúcares, vitaminas, álcoois, ácidos orgânicos dos mais diversos; substâncias de crescimento, enzimas, hormônios, abióticos com que defendem seu espaço; desintoxicantes com que quebram estas barreiras abióticas; substâncias fungistáticas e bacteriostáticas; lixo metabólico etc. E, se for queimada toda a resteva para "matar" um parasita, como a lagarta-rosada e o bicudo do algodão ou a brusone do arroz, geralmente será criada novamente porque solo degradado e planta desequilibrada lhe oferecerão todas as condições de vida.

O que impede a melhor compreensão da matéria orgânica e de seu efeito sobre o solo e sua vida é a maneira de realizar a análise química. Determina-se todo o material oxidável por combustão seca ou úmida (com bicromato de potássio), e pressupõe-se que todo material oxidado seja carbono, embora se saiba que na estufa se determina igualmente carbonato de cálcio que se perde e no método úmido oxidam-se igualmente minerais reduzidos como manganês, ferro, enxofre, nitrogênio etc. E como se supõe que 58% de uma planta (matéria seca) seria carbono, multiplica-se o valor determinado por 1,724 e acredita-se ter obtido a quantidade de matéria orgânica existente no solo. E mesmo que tudo isso fosse correto, esta generalização muito grande impede a compreensão do papel da matéria orgânica.

Ela serve para quê?

Se existem leis que obrigam a destruição e queima de toda a matéria orgânica no campo e o que restou da cultura, isso mostra que não se sabe para que ela serve. E, para aumentar ainda mais a confusão, vêm estes que pregam que matéria orgânica seria principalmente fonte de nutrientes para as plantas, que podem ser substituídos com vantagem por adubos minerais. Ou que deve ser compostada ou semidigerida. Com isso, a vida do solo e o papel da matéria orgânica ficam cada vez mais misteriosos e mais incompreensíveis.

Com a ajuda do Conselho Nacional de Desenvolvimento Científico e Tecnológico (CNPq) da Espanha foi realizada uma enquete perguntando a todos os pesquisadores no mundo que trabalham com matéria orgânica o que esperavam dela. E quase unanimemente responderam: "Diversificar a vida do solo!".

Pode-se dizer que a matéria orgânica, em qualquer forma que apareça, é alimento para a vida do solo. Os nutrientes que se liberam na sua decomposição são um brinde que a natureza nos dá. E, como a matéria orgânica deve alimentar a vida que nos é benéfica, ou seja, especialmente a aeróbia e semiaeróbia, ela não pode ser enterrada. Deve ficar na camada superficial do solo, onde, entre outros, deve formar a bioestrutura do solo ou seus macroporos para a entrada de ar e de água. Enterrada, a vida que se assenta é outra e não ocorre a formação de grumos e macroporos. Além disso, poros enterrados abaixo de uma crosta ou laje não irão ajudar na penetração de ar e de água. Em 30 cm de profundidade ninguém formaria grumos e poros, porque não teriam utilidade.

Enquanto se considerar somente os nutrientes, a monocultura será a prática mais acertada. A palha forneceria exatamente os nutrientes de que a cultura necessita. Talvez devesse ser completada por adubo químico. Mas, de resto, seria o ideal. E enterrar a matéria orgânica o mais profundo possível parecia o "ovo de Colombo", porque proporcionaria os nutrientes onde a raiz os encontraria de modo mais fácil, sem atrapalhar as máquinas, como a semeadora. Mas como e por quem esta matéria orgânica iria ser decomposta, uma vez que plantas não comem pedaços de outras plantas, não ficou bem claro. Por isso, se pregou a produção de composto, porque a palha enterrada fixava o nitrogênio do ar do solo, soltava metano, tóxico para as plantas, e o tempo de "carência" antes de se poder plantar uma cultura era de até 3 meses.

Mas, devido à monocultura, a vida especializada passou a multiplicar-se descontroladamente, uniformizando-se e, finalmente, degenerando, em parasitismo. Assim, a matéria orgânica de monoculturas criou pestes e pragas. A solução foi simples: queimar a resteva, livrar-se desta vida especializada! E, ao mesmo tempo, favoreceu o uso de herbicidas, cuja ação é melhor sem matéria orgânica. Finalmente, a cinza que enriquecia o solo em nutrientes não precisa de sua disponibilização após decomposição do material orgânico no composto. Eram perdidos ânions, principalmente o nitrogênio amoniacal volatilizado, bem como o nitrogênio nítrico e fósforo lixiviados, além de lixiviação de cátions como potássio, magnésio e sódio. Mas para que existem adubos químicos?

Em todo esse raciocínio, considerava-se que as raízes servem somente para ancorar as plantas, impedindo que o vento as leve, para a absorção de água e nutrientes. Mas raízes são parte de um ecossistema e excretam muitas substâncias no solo, especialmente seu "lixo metabólico". Assim como os animais defecam, também a planta se livra das substâncias inaproveitáveis em seu metabolismo. E ainda excretam substâncias tóxicas para defender seu espaço, os antibióticos, que impedem a invasão deste por raízes congêneres. Como todas essas substâncias são orgânicas, típicas para cada espécie e cada variedade vegetal, também criam uma vida típica, especializada, que se nutre destas substâncias. Assim, as raízes criam sua microflora e mesofauna específicas.

Se a resteva for queimada, não existindo mais matéria orgânica no solo além desta da esfera radicular, a rizosfera de cada planta se torna um "oásis" dentro de um deserto imenso de solo inabitável. E aqui jaz o perigo. Não existe mais pressão de fora exercida por outros seres vivos e as comunidades no espaço radicular são todas companheiras de vida, uma complementando a especialidade da outra. Entram em estado de repouso quando a cultura sai do campo e se revigoram quando ela entra novamente. Multiplicam-se sem controle, porque os que poderiam controlá-las, os organismos fora do espaço radicular, não existem graças à queima da palha e de toda a resteva.

Agora, quando falta alimento, elas atacam as plantas que, devido à adubação unilateral com NPK e à monocultura, desgastam o solo em muitos nutrientes que agora não encontram mais, tornando-se malnutridos e, portanto, suscetíveis.

Podem ter certeza: quanto menos matéria orgânica for devolvida ao solo, tanto mais especializada se tornará a vida e tanto mais rápido serão criadas pragas e pestes, especialmente porque as condições físicas do solo estão se degradando rapidamente e, com elas, o metabolismo das plantas (por causa de menos oxigênio e água disponíveis e mais calor).

Os parasitas são tidos como "obrigatórios" porque, cada vez que se planta a mesma cultura, os mesmos fungos atacam. Quando se examina uma planta com podridão radicular, a raiz apresenta *Rhizoctonia*. Se há murcha, muitas vezes o *Fusarium* está envolvido na podridão da raiz e ambos podem ser encontrados. E, assim, haveria muitos exemplos. Mas, por outro lado, os patógenos em sua maioria são tidos como "polífagos", podendo viver sobre outro material, sobrevivendo por muitos anos no solo.

A dúvida sobre esses parasitas é se alguém já verificou se não existem também em plantas sadias. Uma planta superalimentada com nitrogênio não é sadia. Alguém sabe o que estes parasitas fazem quando a planta vai bem?

Florenzani (1972) pesquisou isso e descobriu que justamente os parasitas obrigatórios viviam associados às plantas. Se as plantas vigorosas e sadias os suportavam ou se existia realmente um tipo de simbiose ou associativismo, é difícil de dizer. Em todo caso, não prejudicavam as plantas e parecia que até as beneficiavam. Assim, *Pseudomona tabaci* pode causar estragos terríveis nas folhas de fumo, mas, em condições favoráveis para o fumo, somente aumentou o aroma do produto, embora viva dentro dos vasos condutores. *Penicillium sp.* faz as sementes apodrecerem quando estão mal nutridas. Em sementes bem nutridas ele as ajuda a nascer mais rapidamente. A associação entre plantas e micro-organismos, que vai da simbiose até à simples presença na rizosfera, sempre é um contrato de alto risco. Se a planta conseguir satisfazer as necessidades dos micro-organismos, eles serão benéficos; se não o conseguir, serão parasitas, podendo matar o hospedeiro. Normalmente, a base deste "contrato" é o fornecimento de carboidratos (energia), até 40% do total do fotossintetizado. Em troca, as bactérias e fungos fornecem nutrientes, que mobilizam. Os dois se beneficiam mutuamente. Tanto na raiz quanto nas folhas existem micro-organismos associados ou simbiontes. Mas quando a planta não consegue cumprir o contrato, querem forçá-la a isso. Este estado é o de parasitas: tira-se mais do que a planta consegue fornecer, com seu metabolismo desequilibrado, mais lento.

Sabe-se que, por exemplo, quando a mata é derrubada e é plantado chá-da-índia, as micorrizas das árvores da mata se tornam parasitas nas raízes do chá, simplesmente porque estavam acostumadas a uma simbiose muito mais ativa do que a cultura podia oferecer.

Se tantas pragas e parasitas aparecem em nossas plantas de cultura, não seria lógico desconfiar que alguma coisa deve estar sumamente errada em nossa tecnologia agrícola, que cria plantas tão fracas e suscetíveis?

Quanto menos matéria orgânica voltar à terra, tanto mais rápida será a decadência do solo, ou seja, de seu sistema macroporoso, e tanto mais intensa será a multiplicação de pestes e pragas. Por isso, não é muito lógico combater os agrotóxicos. O que deve ser combatido é o desgaste despreocupado das terras e com isso a "criação" de pestes e pragas, por um lado, e de plantas suscetíveis, pelo outro, oferecendo todas as condições para que os parasitas possam prosperar e procriar.

Como são criadas pestes e pragas

O aumento vertiginoso de pragas nos últimos 10 anos mostra que descobrimos o mecanismo de criá-las com eficiência.

Vale a regra de que todos os métodos que possuem ação seletiva sobre a vida contribuem para a multiplicação de uma ou outra espécie, praticamente sem concorrência e sem inimigo, de modo que podem tornar-se pragas ou pestes.

Condições seletivas são:

1. a monocultura;

2. a falta de matéria orgânica, especialmente por causa do uso de fogo;

3. as compactações, crostas e lajes, que criam condições adversas à vida aeróbia (exposição ao impacto das chuvas; falta de oxigênio);

4. o aquecimento do solo pela irradiação solar direta em solos mantidos limpos por capinas ou herbicidas;

5. o vento fraco mas permanente que leva umidade e gás carbônico, diminuindo a fotossíntese;

6. os defensivos mal escolhidos ou por resistência aos defensivos frequentemente usados.

Portanto, o problema não é o desaparecimento do "inimigo natural", mas fatores extremamente seletivos que possibilitam a sobrevivência de somente algumas poucas espécies. E a solução não é a de encontrar o "inimigo natural", mas de eliminar esta seletividade, para que também outros organismos tenham a possibilidade de se criar e, finalmente, controlar os primeiros.

As pragas e pestes são os organismos "apadrinhados" por nossa tecnologia e que recebem todas as condições de vida, enquanto se tirou qualquer possibilidade de sobrevivência dos outros. É mais ou menos como os marajás e os pauperizados. Dar a todos a mesma chance de vida é muito mais eficiente no combate de parasitas do que continuar "apadrinhando" alguns para, depois, quando incomodarem, combatê-los.

Além disso, em solos desgastados, a agricultura produz alimentos de valor nutricional cada vez menor, além de exigir cada vez mais adubos e defensivos e, por isso, apresentando um baixo valor nutritivo, mas um teor elevado de resíduos tóxicos. Especialmente o aparecimento frequente de viroses em plantas, animais e homens se deve ao desequilíbrio biológico e nutricional.

Nosso exemplo não pode ser o do clima temperado, onde, através do frio do inverno, existe um controle muito eficiente de parasitas, especialmente de insetos, enquanto em clima tropical este controle não existe. Assistimos, aqui, igualmente, à multiplicação explosiva de pragas durante a estação úmida e quente. Nos países de clima temperado, o gelo não somente mata muitos insetos, mas também melhora a estrutura do solo, uma vez que a água contida nos poros aumenta de volume ao congelar. É um efeito mecânico, porém, muito eficiente, de modo que a decadência de um solo que entre nós leva de 1 a 5 anos, lá, leva de 20 a mais de 30 anos até aparecerem sinais visíveis ou significativos estatisticamente.

Atualmente, na agricultura, há muitas perguntas e muitas soluções. Como combater a erosão, como se defender da seca, como eliminar o efeito decrescente dos adubos, tornando-os mais eficientes? Como preparar melhor as terras compactadas? Como combater pestes e pragas em franca ascensão?

Existem ideias e soluções diferentes para cada pergunta. Fazem-se terraços, patamares ou manejo de microbacias para o combate à erosão, ou deve-se usar o plantio direto? Irriga-se com aspersores autopropelidos ou de pivô central para combater a seca? Usa-se um rolo destorroador ou uma enxada rotativa para quebrar compactações, ou serve usar somente um subsolador? Os adubos granulados devem ser peletizados ou devem-se usar formas menos solúveis? Empregam-se métodos químicos ou biológicos no combate de pragas?

Embora todas sejam perguntas "quentes", de problemas urgentes, nenhuma solução toca realmente a causa. Todos pretendem combater os sintomas. E sintomas se repetem infinitamente enquanto permanecerem as causas.

Assim, como a tecnologia sempre existe em forma de "pacote", de um bloco de técnicas, também o controle de todos estes problemas deveria ser feito "em bloco", visando equilibrar os desequilíbrios produzidos inconscientemente.

Sempre haverá erosão num solo impermeável, sempre ocorrerá seca onde a água não consegue penetrar na terra e onde a falta de mata provoca a distribuição irregular das chuvas. Sempre haverá a decadência do solo onde se regula a profundidade de aração em função da potência do trator. Sempre haverá compactação onde se movimentam despreocupadamente as máquinas pesadas em cima de campos limpos e onde a chuva pode golpear com toda a força a superfície desprotegida da terra.

E, apesar de serem muitos os problemas, a causa é uma só: a perda dos macroporos na superfície do solo e a falta de matéria orgânica diversificada.

Recuperando-se os solos, todos estes sintomas desaparecerão. E a recuperação e conservação dos solos não é um favor que se faz ao governo, ou um sacrifício a que se submete em prol de seus filhos, mas é o método mais simples e mais seguro de produzir mais, melhor e mais barato, o que garante um lucro condizente.

O único "porém" que existe aqui é o de que a palavra "conservação" não pode ser entendida unicamente como sinônimo de técnicas mecânicas. Curvas de nível, patamares e manejo de microbacias são somente muletas usadas enquanto a perna quebrada está sarando. E, neste caso, a "perna quebrada" é a estrutura macroporosa e a vida diversificada do solo. Por meio da conservação e recuperação do potencial produtivo dos solos – que pouco têm a ver com insumos – a agricultura se torna mais segura, menos arriscada, mais barata e mais lucrativa. E o potencial produtivo do solo depende da penetração de ar e de água, que depende de poros grandes na superfície, por sua vez formados pela vida do solo e essa vida necessita de matéria orgânica.

A única coisa que o agricultor tem de fazer é deixar seus fósforos em casa quando terminou a colheita (e também o isqueiro!).

Como se controla a vida do solo

O problema é conhecer o funcionamento da vida do solo. O combate de um ou outro agente parasita não tange a causa. Isso mostra a cigarrinha da cana-de-açúcar. O fungo *Metarizium* combate-a. Mas, embora a cigarrinha da *Brachiaria* seja idêntica, o *Metarizium* não consegue combatê-la. O ambiente é outro. Procurar todos os "inimigos naturais" iria levar muito tempo. É muito mais fácil restabelecer a "pirâmide alimentar", deixando que cada um dos insetos e micro-organismos procure seu inimigo sozinho. Não importa como se chama; importa somente que exista. E quanto mais espécies de seres vivos existirem num solo, tanto maior a possibilidade de que cada uma encontre também seu inimigo ou seu predador. Faz uma diferença muito grande se existem mil exemplares de duas espécies ou mil exemplares de duzentas espécies.

Um exemplo clássico é o das amebas. Multiplicam-se de 30 em 30 minutos. Se não houvesse nenhum organismo que consumisse amebas, dentro de um ano haveria uma camada de 1 m de amebas por cima de toda a crosta terrestre. Isso não ocorre somente porque existem muitos que se alimentam de amebas.

Da diversificação da vida do solo depende seu equilíbrio. Equilíbrio quer dizer que nenhuma espécie é beneficiada. Todas vivem com as mesmas oportunidades e sob a mesma pressão das outras. Portanto, são controladas.

E, para dar as mesmas oportunidades a todos precisamos de:
1. rotação das culturas;

2. retorno periódico de matéria orgânica diversificada ao solo;
3. proteção da superfície do solo contra o sol e o impacto da chuva;
4. manutenção da camada macroporosa, permeável na superfície do solo para garantir o arejamento e a infiltração de água.
Por quê?
Para variar a comida que se oferece aos organismos do solo, e que nunca pode faltar, tem de garantir uma temperatura amena do solo e suficiente umidade. Em terra quente e seca, a vida morre. E como a chuva encrosta a superfície do solo, criando condições anaeróbias, a terra deve ser protegida contra o impacto das gotas.

A rotação e consorciação de culturas

Tenta-se substituir a diversificação da vegetação nativa pela rotação e consorciação de culturas. Não é tão variada como originalmente, mas é muito melhor que a monocultura. Já no Império Romano exigia-se a rotação de três culturas, no império asteca ocorria a rotação de culturas e no Império Teuto, sob o imperador Carlos Magno, cada agricultor que não usasse a rotação de, no mínimo, três culturas era preso e severamente punido. E como, nesta época, a escolha de culturas não era muito grande e se baseava principalmente em cereais, a "terceira cultura" era o pousio sob vegetação nativa. E isso numa região onde não se podia plantar mais que uma cultura por ano e onde isso significava que um terço da terra arável não podia ser cultivado e, ainda, onde os fracassos das culturas eram frequentes por causa do clima desfavorável. A fome sempre rondava as populações. Os prejuízos da monocultura deviam ter sido muito grandes para que se exigisse essa medida.

A rotação de culturas não é um simples trocar de cultivos, mas é regida por considerações econômicas e pela compatibilidade das culturas.

Para se tornar mais econômico, planta-se primeiro a cultura mais exigente em solo e adubo, por exemplo, algodão. Segue-se uma menos exigente, como milho. Depois, usa-se uma cultura aproveitadora, como arroz ou sorgo e, finalmente, uma recuperadora, que frequentemente é uma leguminosa. Esta rotação seria:

– algodão – milho com mucuna – arroz – forrageiras, gramíneas e leguminosas (aveia com ervilhaca) ou uma adubação verde.

É importante que as culturas que se seguem sejam "companheiras", ou seja, plantas que se beneficiam mutuamente, como:

– nabo-forrageiro ao feijoeiro;
– alfafa aos capins forrageiros;
– aveia-preta ao feijoeiro;
– soja ao trigo e milho;
– ervilhaca ao arroz;
– mucuna e feijão-de-porco ao milho;
– trevo ou mucuna ao algodão;
– festuca à batatinha;
– soja ao fumo;
– cenoura à cebola;
– mamona ao arroz;
– crotalária à cana-de-açúcar;
– repolho à beterraba;
– lab-lab ao sorgo;
– tremoço à parreira.

Mas, do mesmo modo que existem plantas que aumentam a colheita de outras, beneficiando-as, existem plantas que as prejudicam francamente, como:

– sorgo ao trigo e gergelim;
– aveia-branca à soja;
– trigo ao linho;
– linho ao girassol e ervilha;
– cebola ao feijoeiro;
– trigo-sarraceno (mourisco) ao trigo;
– girassol à batatinha.

As colheitas diminuirão ano a ano quando, numa rotação, se incluírem cultivos antagônicos, até se tornarem antieconômicas. Isso aconteceu com o trigo-sarraceno ou mourisco em rotação com o trigo. Pior ainda é a rotação sorgo-gergelim ou girassol-batatinha, onde as últimas nem conseguem se desenvolver direito.

Uma rotação bem feita aumenta gradativamente as colheitas. Importante é o retorno da palha à superfície do solo. E, se houver um cultivo que deixa pouca palha, como o feijoeiro, onde quase nada resta, tem de se seguir uma cultura com muita palha, como milho com mucuna ou aveia com ervilhaca ou mesmo pastagem (integração lavoura-pecuária).

Bromfield, em seu livro *Malabarfarm*, diz: "Os micro-organismos e animais muito pequenos do solo são os animais domésticos mais importantes. Sua alimentação e bem-estar decidem sobre a saúde das culturas, do gado e da família do agricultor".

Portanto, um cultivo anão como o de milho ou trigo não serve para o clima tropical, onde a decomposição é explosiva e onde é necessário o máximo de retorno de matéria orgânica.

Exemplos de algumas rotações favoráveis:
– fumo – soja – arroz – forrageiras;
– guandu para semente – algodão – milho – ervilhaca – arroz;
– soja – trigo – milho com mucuna – colza;
– nabo-forrageiro – feijão – milho com mucuna – algodão;
– milho com siratro – cebola – cenoura.

Exemplos de rotações bem-sucedidas não faltam. No Norte do Estado de São Paulo, planta-se, com muito sucesso, amendoim – arroz – soja – milho com mucuna – algodão.

Com esta rotação, uma propriedade de 50 alqueires aumentou, pouco a pouco, para 500 alqueires, somente com o lucro que esta rotação proporcionou.

No Norte do Paraná, especialmente na região que usa o Plantio Direto, planta-se a rotação: soja – aveia-preta – milho – tremoço – soja – trigo.

Verifica-se que a cultura principal desta região é a soja, que se repete na rotação. Porém, não seria favorável reduzir esta rotação a somente duas culturas, como por exemplo trigo-soja.

A figura 6 mostra um exemplo de planejamento de rotação usado pela Acarpa-PR. Alternam-se as faixas com cultivos de verão e cultivos de inverno. Existem três segmentos para a rotação de três anos, cada um com duas culturas.

A rotação pode ser feita de maneiras diferentes. Assim, não se exige que todos os cultivos sejam anuais, por exemplo em:
– inhame – leucena – milho-verde.

Nesta rotação, a leucena é plantada em faixas como proteção contra o vento. Usam-se os galhos cortados para a adubação verde. Tem a vantagem de ser uma rotação de três culturas, embora se cultivem somente duas.

Também pode ser feita com cultivos semiperenes, como por exemplo:
– guandu – bananeira – cana-de-açúcar: em que cada cultura permanece durante três anos no campo.

Em culturas perenes, a consorciação é indicada. Assim, em Tomé-Açu/PA, existe uma colônia japonesa que se desesperou com as doenças nos diversos cultivos, como a de pimenta-do-reino, e resolveu consorciá-las, embora o Banco do Brasil tivesse se negado a financiar consorciações.

Plantaram-se, juntos, seringueira–guaraná–cacau–dendê, com faixas de maracujá. O sucesso foi grande e o efeito benéfico para todas as culturas. Apresentaram menos doenças, maiores rendimentos e vida mais extensa.

Na Bahia, na região cacaueira, é proibido consorciar hévea com cacau. Assim, num cacauzal decadente, que devia ser arrancado para ser substituído por seringueiras, foram plantadas as seringueiras antes de se arrancar os cacaueiros para fazer sombra à hévea. Mas a surpresa foi grande quando os cacaueiros se recuperaram, tornando-se novamente produtivos.

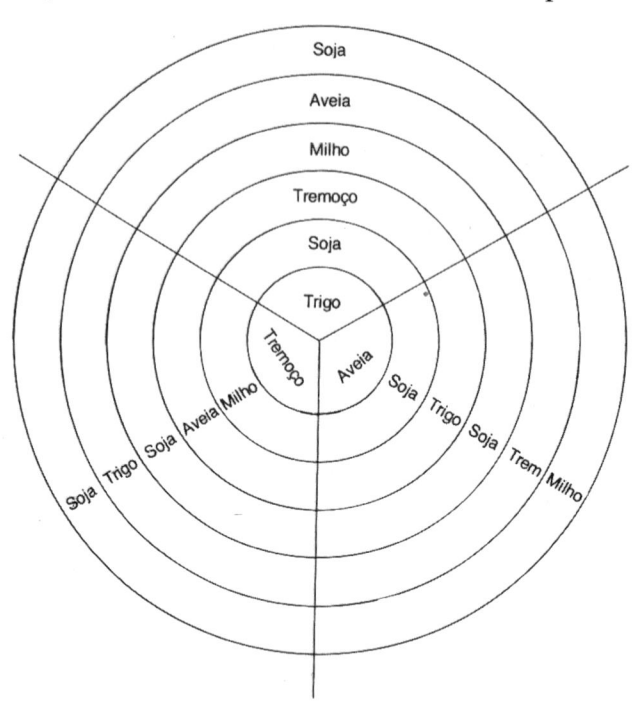

Figura 6 – Rotação trianual de culturas com duas culturas por ano (Acarpa-PR)

Na região dos solos de tabuleiro, com propriedades desfavoráveis dos solos, os agricultores usam intercalar seus cafeeiros com "plantas refrescantes", ou seja, que mantêm a umidade do solo, como mamona e bananeiras.

Também os pés de pimenta-do-reino se beneficiam com a consorciação com coqueiros ou qualquer outra planta que proporcione alguma sombra.

Em regiões com solos argilosos, a consorciação com leguminosas pode ser feita. Vale a regra de que, se o solo tiver mais que 25% de argila, uma cobertura viva com leguminosas é favorável, mantendo-o mais úmido que o solo limpo. Quando, porém, o teor em argila baixar, uma consorciação é duvidosa e, quando a argila cair abaixo de 10%, a consorciação prejudica seriamente a cultura (dependendo da profundidade que seu sistema radicular atingir; e se o solo é um solo podzólico/Argissolo, com B-textural e mais água disponível, ou uma areia quartzosa/Neossolo quartzarênico), por gastar a pouca água que este solo poderia reter.

Consorciações favoráveis são:
– cafeeiros com lab-lab;
– hévea com centrosema;
– dendezeiros com estilosantes.

Planta-se seringueira embaixo da sombra de guandu e consorcia-a com açaí etc. Pode-se concluir que uma associação com plantas companheiras é preferível à monocultura, que sempre será a pior das opções.

O retorno da matéria orgânica e a alimentação da vida do solo

Como já foi dito anteriormente, a vida do solo necessita de alimentação e esta é a matéria orgânica. A queima da matéria orgânica, para destruir pragas e sementes de invasoras, se reflete desfavoravelmente sobre a vida do solo, que agora passa fome e em parte morre, o que contribui para a criação de pragas a partir de excreções radiculares.

Também o conselho bem-intencionado, mas mal pensado, de dar a soca ou resteva ao gado comer ou recolher para fazer biocombustível prejudica o solo e sua vida. Temos nossos animais domésticos invisíveis e silenciosos no solo e os grandes e berrantes por cima do solo, nos pastos. Lógico que nos inclinamos a preferir os que se enxergam em detrimento dos que não se enxergam nem se ouvem. E, mesmo assim, a fome da vida do solo significa decadência da estrutura macroporosa do solo e, consequentemente, menos ar e água para a planta, que absorve menos, metaboliza menos e, portanto, é mal nutrida e suscetível a pragas. E, em solos decadentes, não há gado que se mantenha forte e sadio. Tudo entra em espiral descendente! É mais interessante plantar um suplemento para o gado e dar a soca ou resteva para a vida do solo.

A ideia de que matéria orgânica deve ser aplicada em forma de composto pode ser correta em clima temperado, onde a decomposição no campo é muito mais demorada e, especialmente, onde existe muito esterco de gado acumulado durante o inverno com neve e gelo. Entre nós, o "composto de área" é mais prático, ou seja, deixar a palha no lugar onde foi produzida. E se a terra for quimicamente pobre, aduba-se a palha com um fosfato cálcico para melhor decomposição por micro-organismos. Este adubo pode ser de lenta solubilização, como termofosfato, escória-de-thomas ou farinha de ossos. Pode ocorrer que os micróbios não decomponham por ser o solo pobre demais. A hipótese de que não existem micro-organismos nem animais pequenos não cabe, uma vez que, mesmo se não existissem no solo, seriam trazidos pelo vento. Sempre aparecerão em ambiente favorável a eles.

Quanto mais palha a cultura deixar, tanto melhor para o solo. O pequeno agricultor que não possui trator se assusta com as dificuldades causadas pela palha no preparo do campo. Mas se ele construir um rolo-faca simples com uma tora de árvore de 1,5 m de comprimento e 40 cm de diâmetro, colocando cinco molas velhas de caminhão bem afiadas como facas, a palha será cortada em pedaços, podendo ser vencido pelo aradinho. A aração deixará o campo "sujo" com palha para fora e palha para dentro do solo. Mas é isso mesmo. Em quatro semanas a palha estará quebradiça e uma segunda aração e uma grade a desmanchará.

A adubação verde

A adubação verde é outro recurso para nutrir a vida do solo. Não enriquece o solo em matéria orgânica e até gasta algo do seu húmus, mas enriquece a vida e pode melhorar a terra pela abundância de raízes. Planta-se alguma cultura, preferencialmente leguminosa, e se possível mais fibrosa, na entressafra. Ela cobrirá a terra durante os meses sem cultivo e fornecerá especialmente nitrogênio para a cultura seguinte.

A adubação verde não somente enriquece a rotação de culturas, mas é igualmente um meio eficaz para combater nematoides e enriquecer o solo em nutrientes que mobilizam e combatem pragas e pestes pela simples diversificação da vida. Há culturas que reagem melhor ao nitrogênio orgânico adicionado por uma adubação verde do que ao nitrogênio sintético, trazido pela fertilização comercial. Exemplos são o feijão e a mandioca. Também a adubação verde não pode ser enterrada profundamente. Em cultivos perenes basta roçá-la. O efeito é idêntico ao da mistura com a terra. Importante é somente não deixar a leguminosa formar sementes para não "praguejar" o campo.

A descompactação e permeabilização do solo

Os solos se compactam pela:

1. aração profunda, virando a terra instável à ação da água para a superfície;

2. exposição do solo limpo ao impacto das chuvas;

3. movimentação despreocupada de máquinas agrícolas, que podem passar entre 18 e 30 e mais vezes durante um único cultivo sobre o campo;

4. falta de matéria orgânica e recuperação deficiente da camada grumosa superficial.

A profundidade da aração

A profundidade da aração não deve ser regulada segundo a potência do trator, mas segundo a camada bem enraizada do solo. O que for bem enraizado é terra grumosa estável ao impacto da água. Portanto, a aração nunca deve ser mais profunda do que 2 cm abaixo da camada bem enraizada e, em nosso clima, não deve ultrapassar 15 cm. Abaixo de 15 cm, o solo geralmente é impregnado de antibióticos excretados por fungos e lixiviados da camada superficial. Aí, dificilmente se assentará uma vida diversificada, e todos conhecem os barrancos ao lado das estradas, que levam muitos anos para se gramar.

Um solo estéril não é estável ao impacto das gotas de chuva. A primeira chuva forte formará uma crosta dos grumos desmanchados. Parte da argila é levada para dentro do solo, formando a tão conhecida laje (de baixo para cima, sobre a sola de trabalho ou arado) que castiga nossos solos de cultura. Após seis semanas, a terra se "assenta" e será tão adensada, dura ou mais dura como antes da aração.

Se se pretende afrouxar a terra mais profundamente, tem-se de usar um "subsolador", ou seja, algum implemento, como um pé-de-pato, que quebra os adensamentos mas não revolve a terra. A "subsolação" não significa que se tem de trabalhar em 40 cm de profundidade. Trabalhar até 22 ou 25 cm de profundidade é suficiente. O que importa é que a terra instável à ação da água não seja virada à superfície.

Também a movimentação das máquinas tem de ser cuidadosamente planejada. Atualmente, em muitas regiões, a pulverização com defensivos é feita pela aviação agrícola, que poupa a terra da pressão das máquinas.

A adubação, a calagem e a vida do solo

Sem o nutriente cálcio, nem planta nem micróbio sobrevivem, de modo que calagens módicas que oscilam entre 800 kg/ha em terras arenosas, até 2 mil kg/ha em terras argilosas beneficiam a vida do solo. Porém, a correção brusca do pH pela aplicação de 20 a 30 t/ha de calcário altera tão profundamente as condições do solo que destrói muito mais do que ajuda.

A maior parte da vida dos solos tropicais é adaptada a um pH entre 5,3 e 5,8. Assim, as bactérias que formam os grumos vivem num pH de 5,6. E como as enzimas funcionam somente num determinado pH, cada mudança impossibilita seu funcionamento e acarreta a fome e morte das bactérias que viviam por meio delas.

A adubação química ou comercial, criteriosamente usada, aumenta a massa vegetal e, portanto, a matéria orgânica que retorna ao solo. Por isso pode ser uma medida para a recuperação do solo. Mas, quando arbitrariamente usada em quantidades excessivas, como na floricultura ou no cultivo de batatinhas, contribui, de maneira drástica, para a degradação do solo. Por isso, Voisin disse:

> O adubo químico pode ser um meio milagroso para recuperar o solo, mas também pode ser um meio perigoso para destruí-lo. Tudo depende do critério de seu uso.

Os adubos muito facilmente solúveis na água não somente são mais facilmente lixiviados do solo, mas também são ligados, como o fósforo, ou perdidos para o ar como o nitrogênio. Portanto, as formulações recentes já não trabalham mais com adubos altamente hidrossolúveis. E, especialmente, o nitrogênio amoniacal, como abiótico forte, possui efeito nefasto sobre a vida do solo. Faz tempo que se sabe que as bactérias noduladoras não fixam nitrogênio em presença de adubos nitrogenados nem as bactérias de vida livre. Morrem os nematoides, mas não somente os que poderiam ser parasitas, mas também os que vivem de matéria orgânica matam os pequenos animais do solo, inclusive minhocas, e com isso contribui para a degradação do solo.

Vale lembrar: tudo que beneficia a vida recupera a terra, e tudo que a prejudica degrada a terra!

A cobertura do solo

Quando se fala de cobertura do solo, geralmente se imagina a cobertura morta ou *mulch*. Na intenção de controlar a erosão acelerada, e assim manter o solo permanentemente coberto, desenvolveu-se o Plantio Direto. Uma camada de 2 cm de palha na superfície já protege o sistema macroporoso do solo, garante a infiltração de água e a entrada de ar e mantém a temperatura mais amena. Com 5 a 6 cm de matéria orgânica em cima da terra não existe mais seca que prejudique a cultura, como mostra a fazenda de Frank Dijkstra, perto de Ponta Grossa/PR, o sítio Catavento de Fernando Ataliba em Indaiatuba/SP, as terras de Ernst Götsch na Bahia e tantos outros que trabalham assim.

Tanto as raízes das plantas quanto a vida do solo necessitam de temperaturas amenas e suficiente umidade. Perde-se muita água por superaquecimento da superfície do solo. Sabe-se, por ensaios da Embrapa, em Goiás, que tão importante quanto a água o é a temperatura, porque, mesmo em solos secos, a temperatura amena impede que as plantas murchem. E quando se considera que a partir de 32 °C no solo a planta nem absorve mais água, a importância da temperatura ressalta mais.

A maior parte dos animais e micro-organismos do solo não possui defesa contra o calor e a seca. Eles dependem da proteção do solo contra o sol. Portanto, uma cobertura do solo, tanto faz se for feita com palha ou por uma vegetação mais densa, como ocorre numa consorciação, ou por um espaçamento menor, beneficia tanto a vida como a resistência e a produção das plantas.

Entre nós, um solo agrícola facilmente alcança 50 °C e, em casos extremos, pode chegar até 76 °C, enquanto na África reporta-se até 83 °C. Não há vida que aguente, a não ser uns pouquíssimos micro-organismos.

Pelo aquecimento do solo ocorre:

1. a morte de grande parte da vida do solo, inclusive de minhocas, e há, consequentemente, uma seleção drástica de seres vivos adaptados a estas condições adversas;

2. o oxigênio no solo se torna menos solúvel, necessitando, portanto, de um arejamento melhor deste. Quem mais se prejudica são as plantas, cujo metabolismo depende do oxigênio no solo;

3. a maioria das plantas não consegue mais absorver água acima de 32 °C, parando de crescer;

4. em consequência da falta de água, as plantas aumentam sua respiração, gastando mais substâncias fotossintetizadas, restando pouco para a formação de proteínas, amidos, ácidos graxos etc.;

5. as raízes acumulam 2,0% menos carboidratos por cada 0,5 °C acima de 36 °C na temperatura do solo. Portanto, são mais fracas, absorvem menos e, como flores e frutos dependem destas reservas, as colheitas são menores.

Em seguida, relata-se três exemplos da proteção do solo contra a insolação.

1. Em Rondônia, os pimenteiros-do-reino são podados embaixo e mantidos rigorosamente limpos. Mesmo bem adubados, são verdadeiros mostruários de deficiências minerais, especialmente de magnésio e enxofre e de doenças fúngicas. Os pequenos agricultores amontoam ao redor dos pés toda a madeira que sobrou da queimada e roça da mata e tem pimenteiros viçosos, bonitos, verdes, sem doenças e sem deficiências. Como se trata de madeira muito dura, que não conseguiu queimar, não existe a possibilidade de fornecer minerais na decomposição, mas unicamente a manutenção de uma temperatura mais baixa da terra, e umidade, que permite uma absorção contínua. Por isso, os pimenteiros são melhor nutridos.

2. No Vale do Ribeira, os teicultores se apavoraram pela decadência irrefreável de suas lavouras. Quando resolveram plantar mudas novas entre os pés decadentes de chá-da-índia, para sua surpresa observaram a recuperação, quase que milagrosa, dos pés velhos graças ao maior sombreamento do solo.

3. Perto de Paranavaí, no Norte do Paraná, existe um cafeicultor que, além do trato comum, resolveu acolchoar a terra de seu cafezal com capim-gordura. O resultado foi que, em lugar de 40 sacos/1.000 covas, colheu 265 sacos/1.000 covas (por hectare).

Em nosso clima, a cobertura do solo se torna imprescindível quando se pretende cultivos sadios. Pode-se fazer uma cobertura morta com algum material orgânico como capim seco, casca de arroz, bagaço de cana, casca de café, palha etc. Também pode ser um espaçamento menor, onde as próprias plantas protegem o solo, e que se torna sempre mais comum. Colhem-se cachos, espigas ou raízes menores, porém, por hectare, a colheita é maior. Pode ser uma cultura consorciada ou simplesmente a cobertura do solo na entressafra por uma adubação verde.

O vento e seu efeito

A brisa agradável que refresca os dias quentes é justamente a razão de colheitas menores. Leva muita umidade e gás carbônico e, embora as plantas possam absorver os nutrientes, não conseguem metabolizá-los. Assim, suas folhas são ricas, mas as plantas crescem pouco.

O problema não é o vento frio ou quente, mas simplesmente a constante varredura da umidade e de CO_2. E como as plantas crescem menos, produzindo menos matéria orgânica, também volta menos ao solo e sua vida, ficam famintas.

Faixas de quebra-vento, que diminuem a incidência de vento em 70%, duplicam as colheitas, tanto de cana-de-açúcar como de café, citros, feijão ou hortaliças. Na Amazônia, o vento e a falta de alguma sombra podem baixar a produção de tal maneira que se torna antieconômica.

Vale a regra de que o espaço protegido corresponde a três vezes a altura da faixa de quebra-ventos. Portanto, uma fileira dupla de milho, de 2 m de altura, protege 6 m de feijão. E uma faixa de grevilhas de 8 m de altura protege 24 m de cafezal. Quebra-ventos são uma das medidas para aumentar as colheitas, restituindo à vegetação a isenção de vento da paisagem nativa, indispensável para tornar ótimo o crescimento, resistência e produção vegetal.

A escolha do defensivo

Por enquanto, há poucos defensivos naturais como rotenona, quássia, nicotina (fumo) e piretroides. Existe o *Baculovirus*, hormônios sexuais atraentes e hormônios juvenis que impedem o amadurecimento das fêmeas, bem como inimigos naturais, como a joaninha e o *Metarizium*, mas o combate das pragas com defensivos químicos é o mais usado. Aí depende muito da escolha acertada, optando-se pelo menos tóxico e o mais eficiente. Existe o grande perigo de induzir resistência aos insetos-praga. Certamente existem opções alternativas, como pimenta malagueta, folhas de nim, alho, urina de vaca, folhas e vagens de angico, cinza de madeira, cal, óleo vegetal, macerado de samambaia, macerado de urtiga, cravo de defunto, cabaça e outros.

Assim Chaboussou mostra que *Oidium* ou míldio em parreiras aumentou mais que 100% com o uso de Propineb e Maneb, mas diminuiu com Captane. Se a peste aumentar logo após o "combate", demanda pulverizações mais frequentes. O mesmo ocorre com acaricidas. Neste ensaio, Carbaryl e Parathion provocaram um aumento do parasita em até 500%, enquanto Trithion, DDT e Diazinon o mantiveram ao nível do testemunho, como mostra a figura 7.

Figura 7 – Nestes histogramas mostra-se que, embora todos os inseticidas e fungicidas matem o parasita, nem todos conseguem manter a população baixa por mais tempo, obrigando a aplicações frequentes de agrotóxico

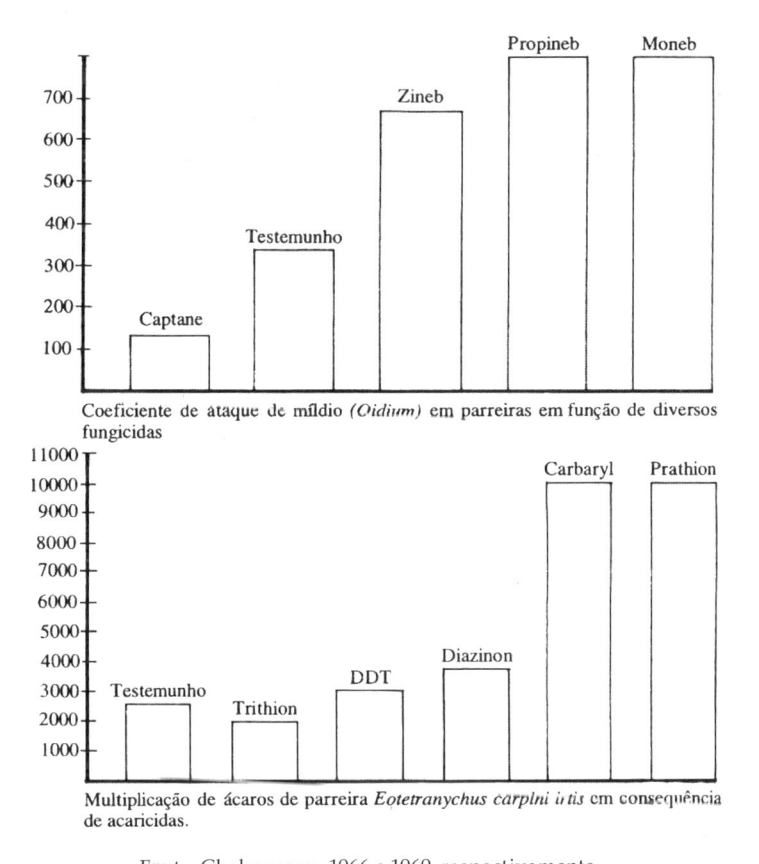

Coeficiente de ataque de míldio *(Oidium)* em parreiras em função de diversos fungicidas

Multiplicação de ácaros de parreira *Eotetranychus carpini* u tis em consequência de acaricidas.

Fonte. Chaboussou, 1966 e 1969, respectivamente.

Pela escolha inadequada de um defensivo, pode-se intensificar o aparecimento da praga, de modo que a pulverização com qualquer preparado tóxico não ajuda e somente custa caro. E a eficiência do produto depende do estado nutricional da cultura. Uma cultura com resistência razoável reagirá muito melhor a um defensivo que uma cultura com nutrição completamente desequilibrada, quando disponibiliza um meio de cultura ótimo às pragas e patógenos. Em solo muito adensado, com falta de oxigênio (além de falta de água e de limitações ao volume radicular), a planta perde muito de sua capacidade de reagir metabolicamente às agressões químicas, físicas e biológicas.

Se as pragas forem criadas por se descuidar do solo, no mínimo, devem ser combatidas de maneira mais econômica e menos tóxica possível. E a toxidez dos produtos tende a aumentar porque a resistência e mesmo a tolerância das plantas tende a diminuir por causa da decadência dos solos. E quem deve ser culpado pela toxidez dos defensivos não é a indústria química, mas o agricultor que não soube nutrir suas culturas adequadamente e manter seus solos em condições produtivas, de modo que os produtos menos tóxicos já não fazem mais efeito.

A resistência das plantas

Quando se abre um livro de fitopatologia, encontram-se sobre resistência vegetal vários fatores enumerados a partir da resistência à penetração do patógeno e barreiras mecânicas e químicas: a presença de substâncias tóxicas como fenóis, inibidores de crescimento, necrose do tecido adjacente, desintoxicação metabólica, barreiras estruturais etc. Mas não se responde à pergunta: quando uma planta é resistente?

No ecossistema nativo não existe ataque devastador generalizado de pragas e doenças. E quando se encontrar uma árvore praguejada na mata virgem, esta já estava condenada. Diz-se que a mata é milenar. A mata, sim; as árvores individuais, não. Estas nascem, crescem, vivem algum tempo e depois morrem, cedendo seu lugar a outras. Se uma árvore tiver 250 ou 300 anos é muito. Geralmente não alcançam esta idade.

No Sul do Brasil, nos cultivos de acácia-negra, o besouro-serrador (*Oncideres impluviata*) faz muitos estragos nas plantações, cortando galhos e árvores novas. Porém, existem áreas próximas às atacadas onde ele nunca entra. Por quê? O que é diferente nas áreas atacadas? Em São Paulo, o serrador somente ataca árvores deficientes em magnésio.

Coisa semelhante ocorre com as saúvas. Numa floresta sempre cortam as folhas de um ou outro pé e nunca dos outros. Num canteiro de rosas sempre desfolham uma variedade e as outras não. E, geralmente, são pés enfraquecidos por alguma razão.

No cultivo de trigo aparece o pulgão, geralmente em "reboleiras", não atacando o restante do campo. Por que aparece somente aí? E inspecionando estas áreas atacadas, constata-se que são manchas com terra mais compactada e seca, com o subsolo à vista pela erosão, ou de qualquer maneira desfavorável ao crescimento do trigo e de suas raízes.

Na Argentina existe o cancro-cítrico, como no Brasil. Mas não existe campanha de erradicação. Ninguém se impressiona com ele. Tomam seu aparecimento como carência aguda de matéria orgânica e talvez de alguns micronutrientes, que se tornam pouco disponíveis se faltar matéria orgânica. Tudo depende do trato da terra!

Quanto mais "velho de cultura" um solo estiver, tanto mais pragas e doenças se alojam em seus cultivos. Não seria um sinal de que nossa tecnologia não é capaz de manter as condições do solo recém-desbravado? E quando não se sabe o que fazer, abandona-se a terra para que a natureza a recupere.

Nenhuma peste e praga, tanto faz se se tratar de fungos, bactérias, vírus, insetos, lagartas ou nematoides, pode prejudicar uma planta com sistema radicular vigoroso e em equilíbrio nutricional. Muitas vezes, plantas em equilíbrio nutricional são evitadas pelos parasitas por não oferecerem condições vitais. Plantas em crescimento vigoroso não são atacadas. Porém, o crescimento forçado por altas doses de nitrogênio não é vigoroso. Ao contrário: plantas grandes com tecido pouco firme e seiva aguada são um verdadeiro eldorado de parasitas.

É bem conhecido que a adubação com NPK facilita doenças fúngicas em cereais, frutíferas e outras culturas, especialmente hortaliças. Assim, os tomates adubados têm casca fina, tecido mais mole e apodrecem mais facilmente; o trigo é atacado por oídio e helmintosporiose; no algodão, as pragas são mais variadas. E todas as culturas têm de ser defendidas porque não alcançariam sua maturação e produção se o homem não as socorresse. Todos reclamam que as frutas e verduras têm menos gosto, o café menos aroma que antigamente. Antes, se alguém fazia café toda a vizinhança ficava sabendo por meio do cheiro gostoso. Atualmente nem na própria cozinha se sente o aroma do café.

Já faz 50 anos que se diz que NPK prejudica o gosto e o valor nutritivo dos produtos agrícolas. O problema não é o adubo, mas o desequilíbrio entre os nutrientes que uma adubação unilateral provoca. Por isso o valor biológico dos produtos é baixo.

Que é valor biológico?

Valor biológico é a possibilidade de a planta formar todas as substâncias de que é capacitada geneticamente. Assim, trigo deve formar proteínas e antes de tudo, glúten, para possuir alto valor de panificação. Trigo adubado com somente NPK e com deficiência de micronutrientes consegue formar poucas proteínas. A maior parte dos aminoácidos circula livremente na seiva vegetal. Este trigo é biologicamente incompleto, menos nutritivo, com menor valor de panificação e menor resistência a doenças. O café forma somente poucas substâncias aromáticas; no milho, os grãos ficam ricos em amidos, com aparência farinhenta, mas são pobres em proteínas.

Por quê?

Uma planta necessita de 24 a 32 nutrientes minerais, até hoje conhecidos; talvez sejam mais. Destes, mais ou menos 16 são essenciais ao desenvolvimento e frutificação. Os restantes não são considerados "essenciais", são necessários para a formação de proteínas, açúcares complexos, substâncias aromáticas, vitaminas, corantes, toxinas para a defesa vegetal etc. Se eles faltarem, as plantas crescem e frutificam, mas são sem valor, sem sabor, sem defesa e sem resistência.

Os nutrientes minerais dividem-se em macro e micronutrientes. Os macronutrientes são os que se necessitam em grande quantidade; os micronutrientes, e a maioria pertencente a estes, usam-se em pequenas quantidades, às vezes somente em traços. Mas a quantidade não é testemunha de importância. Os nutrientes-traços, ou micronutrientes, geralmente são ativadores de enzimas, que são substâncias que catalisam processos químicos, ou seja, ajudam nestes processos sem entrar neles. Sem enzimas, estes processos também ocorrem, mas muito lentamente. Assim, uma reação com enzima demora 2 minutos; sem enzima, leva 3 horas. Deste modo, uma planta que não possui enzimas ativas é pobre em relação ao que poderia ser se tivesse enzimas funcionando.

As enzimas são proteínas, enriquecidas por uma vitamina, a coenzima, e ativadas por um metal, que pode ser um macronutriente, como potássio, ou magnésio, ou um micronutriente, como boro, cobre, manganês, zinco, cobalto, molibdênio, níquel, chumbo ou outros.

Graças à nossa tecnologia, conseguimos produzir frutas, grãos e verduras de formas apresentáveis e perfeitas. Mas parecem caixas sem conteúdo. Todas as substâncias que fizeram sua riqueza, seu conteúdo e gosto atualmente existem só em quantidades mínimas.

Há pessoas que aconselham comprar somente as frutas e raízes menores, as verduras defeituosas e desiguais, porque acreditam que assim seriam integrais. Mas, pergunta-se: como podem ser melhores se foram criadas de maneira idêntica aos outros, com a mesmíssima tecnologia? Por que, de uma lavoura convencional de tomates, pimentão, alface e cenouras, os pequenos e deformados devem ser melhores? São tão ruins quanto os grandes e bonitos, mas são ainda piores, porque são o refugo, impregnados com agrotóxicos e tão pobres e sem gosto como os grandes.

Isso deriva da crença de que produtos biológicos têm de ser deformados. Por quê? De terras sadias saem produtos sadios, grandes, representáveis e bonitos. Se "orgânico" e "biológico" somente significar "sem adubo" e "sem agrotóxico" e a terra onde é cultivada é decaída e gasta, esta visão pode ser exata. Mas nem por isso é lamentável e errônea, porque de solos decaídos não saem produtos biologicamente integrais.

Antigamente, todas as culturas eram selecionadas para o solo (geralmente os mais férteis; evitando-se os marginais, de baixa fertilidade) e o ambiente nos quais deveriam crescer. Atualmente, as sementes são criadas em lugares distantes do local de plantio sob determinadas condições de tecnologia, especialmente adubações pesadas, irrigação e defensivos, e as terras necessitam ser adaptadas a estas variedades exóticas ao ambiente no qual serão plantadas.

Assim, as sementes de verduras plantadas no Brasil são criadas nos EUA e Holanda, países nórdicos com clima temperado e solos pouco intemperizados, portanto, mais ricos, mas menos profundos. Assim, sua capacidade de troca de cátions está entre 60 a 150 equivalente miligramas (argilas esmectita e vermiculita; chegando a 200 em solos orgânicos), enquanto entre nós é de 1,0 a 15 equivalente miligramas por 100 g de terra (ou $cmol_c/dm^3$; com argilas caulinita e óxidos e hidróxidos de ferro e alumínio). Lá, uma adubação elevada com NPK não desequilibra ainda o lastro de micronutrientes, por existir uma reserva grande nos solos. Entre nós o desequilíbrio é quase imediato, pois se ainda for um solo marginal, de baixa fertilidade e sem matéria orgânica, ocorre uma deficiência múltipla de nutrientes essenciais naturalmente.

Além disso, nosso estrume de curral ou nosso composto não conseguem modificar muito a fertilidade do solo, porque provêm de solos "pobres", onde lajes impedem o aprofundamento das raízes. Se pudessem explorar uma camada mais profunda do solo certamente seriam mais ricos. Plantas adaptadas com raízes maiores e mais fortes conseguem ser ricas mesmo em solos pobres, porque conseguem explorá-los melhor. Enquanto não recuperarmos nossos solos e não criarmos ecótipos (adaptados ao ambiente), sempre teremos culturas biologicamente deficientes, tomadas de pragas e doenças. E, em solos muito decadentes, nenhuma adubação adianta muito porque o aproveitamento será de deficiente a nulo e pode chegar até a ser negativo, conforme a concentração de adubo e a deficiência de oxigênio para o metabolismo.

Isso é demonstrado de maneira impressionante em Fernando de Noronha. A ilha principal possui solos de cinzas vulcânicas muito ricos em nutrientes minerais, talvez os mais ricos da América Latina. A partir de dados de 63 análises destes 1.500 ha da ilha principal, feitas pela Embrapa de Pernambuco, podia-se esperar encontrar um verdadeiro eldorado vegetal.

Tabela 9 – Média de 63 análises de solo de Fernando de Noronha (Embrapa, 1982)

Nutrientes	Teor máximo	Teor mínimo	Teor médio
Fósforo	880 ppm	110 ppm	313 ppm
Potássio	880 ppm	150 ppm	388 ppm
Cálcio-magnésio	36,0 cmolc/dm^3	5,5 cmolc/dm^3	17,9 cmolc/dm^3
Alumínio trocável	0,2 cmolc/dm^3	0,0 cmolc/dm^3	0,05 cmolc/dm^3
Matéria orgânica	4,0%	1,0%	1,8%
pH	7,5	5,6	6,5

O clima tropical com 6 meses de chuva e 6 meses de seca, com 1.400 mm de precipitação/ano, no meio do oceano, deixava supor uma vegetação luxuriante. Mas, de fato, existe lá a caatinga mais miserável do Nordeste.

Por quê?

A terra é totalmente compactada e, a partir de 5 cm de profundidade, não entram mais raízes. A água escorre na sua maior parte. O vento é uma permanente e impede o restabelecimento de uma vegetação arbórea. Existem somente algumas matas residuais.

Todas as culturas anuais mostraram uma carência aguda de cálcio e isso em solos que, em parte, beiram a níveis extremos de cálcio ainda suportados pelas plantas. No gado bovino e caprino são comuns convulsões tetânicas por causa da hipocalcemia, ou seja, falta de cálcio e, se não receberem uma injeção de gluconato de cálcio, morrem.

Isso mostra que a riqueza mineral de um solo não garante ainda a boa nutrição vegetal. A quantidade de chuvas que cai não garante sua penetração no solo. E somente a água que penetra no solo rega as plantas! Uma planta somente é bem nutrida se consegue absorver e metabolizar os nutrientes existentes no solo. E isso depende das condições biofísicas favoráveis. Portanto, mesmo em terras ricas, as plantas podem ser pobres e fracas. E o que a planta não pode retirar da terra, o animal e o homem não podem receber, ficando igualmente fracos.

A resistência de uma planta não ocorre graças aos nutrientes no solo, mas graças às substâncias metabolizadas. Planta com valor biológico integral não serve como alimento para pragas e doenças/patógenos.

Quando uma planta é resistente

Uma planta é resistente enquanto crescer vigorosamente e quando for capaz de formar todas as substâncias de que é capaz geneticamente em prazo reduzido.

A resistência reduz à medida que o metabolismo se torna mais moroso e começam a circular substâncias solúveis na seiva como nitrogênio, substâncias nitrogenadas, aminoácidos, açúcares primários etc. Numa planta sadia, as substâncias que a seiva traz logo são transformadas para produtos vegetais complexos como proteínas, vitaminas, graxas, amidos, açúcares complexos etc.

E o metabolismo se torna moroso por:
1. falta de oxigênio para a raiz;
2. falta de enzimas em função da ausência de micronutrientes;
3. falta de nutrientes plásticos, que são enxofre e nitrogênio;

4. falta de macronutrientes em geral.

Um metabolismo fraco pode ser detectado através de fotografias infravermelho, que registram o calor emanado pelas culturas. Um metabolismo ativo usa muita energia, que é calor. Culturas que possuem um metabolismo ativo mostram uma coloração forte enquanto as de metabolismo fraco possuem uma coloração apagada e até diferente. De modo que, nos EUA, existe até um serviço de advertência aos agricultores, os quais são prevenidos sobre a suscetibilidade de suas culturas e a necessidade de sua defesa.

Na Holanda, existe um serviço de alerta fitossanitário nas regiões com precário nível de potássio nos seus solos. Os bataticultores são advertidos a defender suas plantações contra a fitóftora, ao aproximar-se uma temporada úmida, admitindo-se que a resistência vegetal baixa por causa da lixiviação de potássio que, ao mesmo tempo, beneficia o fungo.

A integridade biológica pode ser vista nitidamente no exemplo de uma tartaruga. Enquanto nutrida com verduras da feira, não cresceu durante um ano, nem aumentou de peso. Mas quando recebeu plantas nativas e pôde comer raízes de capins, ela dobrou de tamanho e peso em meio ano.

Num ensaio com repolho, feito em 28 canteiros de 1 m^2 de tamanho, constatou-se que as borboletas brancas de repolho (*Ascia monusta*) somente depositavam seus ovos em alguns tratamentos e que as lagartas também não atacavam os tratamentos evitados pelas borboletas mães.

Tabela 10 – Ataque por lagartas de *Ascia monusta* em repolho conforme o tratamento

Tratamento	Ataque			
	Aniquilador	Forte	Fraco	Nulo
Testemunho	-	x	-	-
NPK	x	-	-	-
Estrume de curral	-	-	x	-
NPK + estrume de curral	-	x	-	-
Estrume de curral e micronutrientes	-	-	x	-
Estrume + NPK + micronutrientes	-	-	-	x

Verifica-se que os tratamentos com estrume e micronutrientes mais NPK não foram atacados enquanto aniquilaram o repolho adubado somente com NPK. A distância não era tão grande que justificasse a ausência de borboletas e lagartas nos canteiros com estrume e micronutrientes. E, embora, às vezes, o canteiro vizinho já fosse comido totalmente, as lagartinhas não passavam. Alguma coisa não lhes serviu aí.

Um exemplo que facilita a compreensão é o do pulgão. O afídio, um inseto delicado, com trompa muito fina, vive furando as paredes celulares de folhas e sugando a seiva açucarada. Formigas se aproveitam disso, "ordenhando" os pulgões e transportando-os para os "pastos novos", se elas consideram as folhas velhas já esgotadas. Mas também um fungo aparece em seu séquito, que causa a fumagina (*Capnodium*), que se aproveita do líquido doce "derramado" pelos pulgões.

Alguns culpam as formigas pela disseminação dos pulgões. Mas combater as formigas seria combater o trovão para que não haja raios.

Os pulgões somente conseguem furar as paredes celulares quando estas são finas e rígidas. Plantas bem abastecidas com potássio, que está em equilíbrio com o boro, possuem paredes celulares mais grossas e elásticas, que cedem quando o pulgão tenta furá-las. E quando, apesar de toda dificuldade, o pulgão consegue furar a célula, a seiva de planta bem abastecida com cálcio coagula imediatamente quando em contato com o ar. O pulgão não consegue sugar nada. Restam-lhe somente duas alternativas: ou ir embora e procurar outra planta onde se possa nutrir, ou morrer de fome.

Portanto, pode haver quatrilhões de pulgões se as plantas são bem-nutridas com potássio e cálcio em proporções certas com seus antagonistas boro e magnésio, porém, não há pulgão que as ataque.

Além da resistência natural, dada pelo metabolismo rápido e a consequente formação de substâncias vegetais, a planta possui ainda dispositivos de defesa, como uma casa construída com todas as precauções contra incêndio ainda possui seus extintores. Estes dispositivos de autodefesa servem para períodos de resistência baixa. Estes dispositivos são:

1. a formação de substâncias fenólicas e outros tóxicos nas folhas para defender-se de fungos;

2. a produção de ácido clorogênico e cianídrico nas raízes e sua excreção para a rizosfera;

3. a desintoxicação metabólica;

4. a hipersensibilidade que implica a morte rápida das células vegetais no local da invasão;

5. a produção de gomas e resinas ao redor das células atacadas;

6. a absorção de antibióticos do solo, produzidos por fungos da rizosfera.

Provavelmente há ainda outros menos conhecidos. A resistência da planta baixa em épocas de seca ou chuva contínua quando os nutrientes são pouco disponíveis ou lixiviados. Também em períodos de elevadas necessidades de nutrientes e maior absorção pode haver dificuldades de encontrar todos os nutrientes necessários, como na época da formação de botões florais e durante a maturação dos frutos.

Depende, pois, de nossa habilidade de diminuir o impacto de estrangulamentos nutricionais para manter as plantas sadias. Em períodos secos, existem problemas de absorção de nitrogênio, zinco e boro, e em épocas chuvosas, há lixiviação de nitrogênio, potássio e boro, ao lado de cálcio. Em terras bem enraizadas, a lixiviação e o efeito de seca são menores.

A resistência da planta sempre diminui à medida que o solo decai. Por isso, em roça nova, pragas e doenças são muito mais raras que em terras "velhas de cultura".

O que a decadência física muda no solo

Reconhece-se a decadência biofísica de um solo quando a superfície encrostar e rachar; quando as raízes retorcerem e virarem em pouca profundidade, às vezes, já em 8 a 10 cm; quando a água da chuva empossar ou escorrer conforme a topografia do terreno e quando houver erosão e enchentes.

Em terra sadia, as raízes se aprofundam, não empossa água, o arado não vira torrões poliédricos à superfície, não há erosão mesmo após chuvas torrenciais, não tem crostas na superfície nem areia depositada entre as linhas de plantio. O efeito dos adubos é grande e doenças e pragas são poucas.

A decadência biofísica, cujas razões já foram indicadas, provoca uma série de problemas colaterais que, muitas vezes, se pretende sanar por métodos inadequados.

Assim, por exemplo, não se pode sanar, pela adubação, a carência múltipla de nutrientes que as plantas podem demonstrar. Muitas vezes não são os nutrientes que faltam no solo, mas o ar (oxigênio no solo) para sua metabolização. E, como a matéria orgânica restabelece o sistema macroporoso superficial do solo, é considerado como "adubo" milagroso. Mas seu efeito principal não é o de adubo, e sim o de "condicionador" do solo, facilitando a absorção e metabolização.

A decadência biofísica do solo modifica:

1. o arejamento. Faltam os macroporos superficiais e entra menos ar, menos oxigênio na terra. Existe, portanto, menos oxigênio à disposição:

– da raiz;

– dos compostos minerais;

– e da vida diversificada do solo.

A raiz sofre sérios transtornos com menos oxigênio no solo, e com ela toda a planta:

1.1. dificuldade em absorver água por causa de um metabolismo fraco, solo mais quente ou menos água disponível;

1.2. gastam-se muitos carboidratos para liberar pouca energia (até 1/39 do normal) e, portanto, sintetizam-se poucas substâncias;

1.3. perde-se nitrogênio ao ar em forma nitrosa e elementar, por causa de uma nitrificação deficiente ou ausente;

1.4. dificulta-se a absorção de macronutrientes na sequência K > N > P > Mg > Ca;

1.5. ocorre a formação de compostos minerais "reduzidos", quer dizer, eles perdem seu oxigênio, trocando-o por hidrogênio e tornando-se altamente "disponíveis" e tóxicos. Como:

$SO_3 \rightarrow SH_2$ \hspace{2cm} $CO_2 \rightarrow CH_4$
$Fe^{+3} \rightarrow Fe^{+2}$ \hspace{2cm} $Mn^{+3} \rightarrow Mn^{+2}$
$NO_3 \rightarrow NH_4$ \hspace{0.5cm} ou $\rightarrow N_2$ etc.

1.6. as raízes excretam aminoácidos, álcoois, diversos ácidos orgânicos como succínico, lático etc., provocando uma vida anormal e estranha ao redor delas;

1.7. maior gasto de água para formar 1 kg de substância orgânica seca (até 4 vezes mais);

1.8. menor produção de substâncias de crescimento, como giberelina;

1.9. menor resistência a pragas e pestes, por causa da nutrição deficiente e desequilibrada;

1.10. menor absorção de micronutrientes.

2. A água. Os mesmos poros que servem para o arejamento servem para a infiltração de água. Se faltarem macroporos, sempre faltarão ar e água, a não ser em campos irrigados (mas aí pode ocorrer que em solos com poucos ou sem macroporos a água expulsa o ar/oxigênio, trazendo prejuízos);

2.1. falta de água por infiltrar menos;

2.2. a planta absorve menos água, mas gasta mais água por causa de sua má nutrição nestes solos;

2.3. a água que não consegue infiltrar-se no chão, escorre, causando erosão, enchentes e em seguida seca. Portanto, as microbacias que devem combater a erosão num conjunto topográfico de propriedades podem diminuir a erosão, mas não conseguem fornecer oxigênio à raiz, nem água suficiente, se não for restabelecida a bioestrutura do solo.

3. Compactações, adensamentos e crostas

3.1. As raízes são confinadas à camada superficial do solo, sofrendo com calor e seca e, como exploram um espaço muito reduzido de solo, "faltam" nutrientes e água, agravando ainda mais a situação precária das raízes e, com isso, das plantas. Aduba-se, mas em casos de decadência avançada, o adubo aumenta o problema da carência de oxigênio e da água, bem como a pressão osmótica (salinidade), podendo provocar até uma "seca fisiológica".

3.2. O aquecimento da superfície do solo. Na impossibilidade de se refugiar para camadas mais profundas do solo, devido à laje subsuperficial, a raiz:

3.2.1. não consegue acumular o suficiente em reservas de carboidratos, sendo 2% menos carboidratos por cada 0,5 °C acima de 36 °C. A formação de flores e frutos depende destas reservas;

3.2.2. menor formação de sementes e frutos;

3.2.3. menor disponibilidade de oxigênio. Quanto mais quente a água do solo tanto menos oxigênio se dissolve nela e tanto menos a raiz recebe. Calor induz à carência de oxigênio, indispensável para o metabolismo, que, portanto, diminui;

3.3. erosão e maiores "riscos climáticos";

3.4. pouco efeito da adubação comercial e que pode ser até nulo e, em casos extremos, negativo por causa do aumento da salinidade, baixando as colheitas;

3.5. pouco efeito dos defensivos por causa da baixíssima resistência das plantas e às condições favoráveis aos parasitas.

Verifica-se que a compactação e o adensamento do solo não somente provocam erosão e um metabolismo moroso, mas dificultam a vida da planta como um todo. Cada fator mudado altera uma série de outros fatores, de modo que as condições de vida se tornam diferentes, mais desfavoráveis. A planta luta pela sobrevivência, não possui mais resistência ao frio, à seca, às pragas e pestes, depende, enfim, inteiramente de uma tecnologia sofisticada para chegar até a colheita.

Por outro lado, as condições seletivas de um solo anaeróbico – cada solo em que os macroporos foram preenchidos com água, argila ou gás carbônico, ou onde simplesmente não existem mais por causa do desmoronamento dos grumos que os formaram – provocam uma vida uniformizada com poucas espécies e grupos funcionais. Aí, o ataque às plantas é certo.

Agora entram os agrotóxicos para defender as plantas indefesas, graças às condições adversas do solo. Mas, como ao ataque parasita precede uma série de modificações e transformações desfavoráveis do solo que dificultam a vida das plantas, parece bem mais lógico fazer regredir estas modificações e transformações que provocam as plantas indefesas e a presença dos parasitas do que matar os parasitas, e assim deixar as plantas fracas e, portanto, pouco produtivas. Algo realmente ilógico, por parte do produtor rural, do ponto de vista técnico e econômico!

Melhorando as condições do solo, e com isso das plantas, restabelecem-se os equilíbrios naturais e assim se aciona os processos de autodefesa das plantas.

Deve-se compreender que:

AR – ÁGUA – NUTRIENTES – ABSORÇÃO e METABOLIZAÇÃO – EXCREÇÕES RADICULARES – SUBSTÂNCIAS TÓXICAS versus MENOR ABSORÇÃO de ÁGUA – MAIOR GASTO DE ÁGUA – ENERGIA REDUZIDA – METABOLISMO MOROSO – CONDIÇÕES SELETIVAS para a VIDA do SOLO

estão intimamente interligadas, e se um único fator entra em declínio, arrasta os demais. Criando condições adversas para a raiz e a planta, criam-se condições para que as pragas e doenças, que se selecionaram, ataquem plantas indefesas.

PRAGAS – PESTES – EROSÃO – ENCHENTES – SECAS

são um bloco sequencial, um pacote, que a natureza destruída apresenta. Estes fatores nunca podem ser compreendidos isoladamente. Quando aparecem erosão e pragas pode-se ter a certeza de que muita coisa está errada.

As bases de um controle ecológico de pragas e doenças são:

1. o melhoramento das condições biofísicas do solo;

2. o controle da vida do solo, por meio de sua diversificação e a dos grupos funcionais, que, aliás, ocorre paralelamente com o melhoramento biofísico do solo;

3. o aumento da resistência e tolerância das plantas, que depende dum metabolismo rápido e completo, resultado de uma nutrição equilibrada.

Os pivôs desses processos são matéria orgânica para o solo e a vida diversificada, bem como a macro e micronutrição para as plantas e o fortalecimento de seu sistema radicular.

A nutrição vegetal equilibrada

A nutrição da planta somente é equilibrada quando receber todos os nutrientes necessários em quantidade certa para poder formar proteínas e enzimas e todas as substâncias para o que foi geneticamente programada.

Deve ficar bem claro que a planta não se forma da semente. A planta se forma dos minerais e de água que retira do solo e do carbono que capta do ar. A semente somente é o código segundo o qual a planta se formará. Este código pode ser mudado, o que é feito pela engenharia genética, mas o efeito de sua modificação ou mutação depende do solo e do que ele tem a oferecer.

Os nutrientes existem em proporções exatas para cada espécie e em níveis próprios para cada variedade.

O equilíbrio dos nutrientes depende, pois, de sua existência na proporção exigida.

Algumas proporções que sempre existem:

N/Cu (nitrogênio/cobre)

Cu/Mo/Co (cobre/molibdênio/cobalto)

P/S (fósforo/enxofre)

P/Zn (fósforo/zinco)

Ca/Mg + K (cálcio/magnésio + potássio)
Ca/Mn, Fe (cálcio/manganês, ferro)
K/Mg (potássio/magnésio)
K/B (potássio/boro)
N/P/K (nitrogênio/fósforo/potássio)
Al/Ca + Mg + K (alumínio/cálcio + magnésio + potássio)
e outras.

Isso significa que, se aumentar o nitrogênio na dieta vegetal, deve-se aumentar obrigatoriamente o cobre, para não gerar um desequilíbrio.

Se aumentar o fósforo tem de se aumentar igualmente o zinco. Existem variedades de soja que reagem desfavoravelmente ao fósforo enquanto não se aplica também zinco.

Uma calagem pode fixar todo manganês e, portanto, pode causar problemas especialmente em leguminosas tropicais.

Uma aplicação isolada de molibdênio pode causar a deficiência de cobre e cobalto.

Nitrogênio provoca um crescimento acelerado, enquanto cobre é um "redutor de crescimento". Plantas de arroz em terrenos recém-desbravados poderão ostentar um excesso muito grande de nitrogênio quando existir a carência de cobre, frequente em várzeas.

Este excesso de nitrogênio pode ser real ou induzido. *Real*, quando o teor em nitrogênio sobe a 3% e mais. *Induzido*, quando o teor em nitrogênio é normal, por exemplo entre 1,8 a 2,0%, mas quando existe a carência aguda de cobre, de modo que a proporção entre os dois nutrientes se torna larga demais. Tanto faz se se trata de nitrogênio orgânico ou sintético: os sintomas são iguais e, no arroz, a carência do cobre causa a esterilidade das panículas. Trigo não se torna estéril por causa de deficiência de cobre e excesso de nitrogênio, mas se torna suscetível a doenças fúngicas e tem um rendimento muito menor do que se poderia obter se tivesse cobre à sua disposição.

Existem plantas mais ou menos sensíveis à carência ou excesso de algum nutriente. Cada carência induzirá o excesso de seu "parceiro" de proporção.

Na nutrição vegetal existem três possibilidades:

1. a planta necessita muito de um nutriente, mas possui uma grande capacidade de mobilização. Assim, as solanáceas, como tomate, fumo ou batatinha, precisam de muito cloro, que mobilizam eficientemente e o absorvem liberalmente, não existindo absorção seletiva para este elemento. Portanto, não gostam de adubos clorados como cloreto de potássio, porque não suportam mais cloro;

2. a planta necessita muito de um nutriente, mas o mobiliza pouco, como o boro pela beterraba. Portanto, ela precisa de adubo que ofereça o boro em quantidade abundante;

3. a planta necessita pouco de um nutriente e consegue produzir bem mesmo com quantidades que para outras seriam insuficientes. Mas estas plantas também são mais pobres em substâncias vegetais, como o milho híbrido em proteínas.

As plantas possuem sua linguagem, podendo mostrar o que está faltando. São os sintomas carenciais visíveis. As carências podem ser "subcarências", ou seja, os sintomas não são visíveis, mas já baixam as colheitas. Assim, a deficiência de cobre no trigo pode baixar a produção à metade sem que apareça sintoma algum. Quando 15% da cultura mostrar a deficiência, a fome é muito séria.

Existem vários livros sobre sintomas de deficiências minerais em culturas, como o da American Society of Agronomy, publicado por Sprague, e cuja primeira edição de *Hunger Signes in Crops* apareceu em 1949; ou este de Wallace, publicado em 1961, de *Diagnosis of Mineral Deficiencies in Plants*; de Malavolta (1961), *On the Mineral Nutrition of Some Tropical Crops*; de Primavesi (1965), *Deficiências Minerais em Culturas*; ou de Bergmann (1983), *Farbatlas: Ernährungsstörungen bei Kulturpfanzen*, que teve sua edição completada em 1986, com a inclusão de várias culturas tropicais. Quase não se publica mais livro sobre a nutrição vegetal sem apresentar algumas pranchas coloridas de deficiências minerais em plantas.

Os sintomas de fome nas plantas, muitas vezes, se confundem com sintomas de doenças vegetais. Por quê? Primavesi (1964) respondeu à pergunta provando que "não há doença vegetal sem prévia deficiência mineral"!

Assim, no início do século XX, a primeira doença atribuída diretamente a uma deficiência nutricional foi a de podridão seca do broto da beterraba-de-açúcar. O agente parasita isolado foi a *Phoma betae*, mas, como ao mesmo tempo ocorreu a deficiência de boro, adubou-se com este micronutriente, com o resultado de que a doença sumiu e o fungo desapareceu.

Entre os primeiros fungicidas enquadram-se a calda-bordalesa, essencialmente sulfato de cobre e enxofre. O cobre, como antagonista do nitrogênio, equilibrou seu excesso causado pela adubação com estrume de curral. O enxofre, como parte integrante de todas as proteínas, que para sua formação exigem um aminoácido contendo enxofre em lugar de nitrogênio, como na cistina, era um eficiente praguicida, não por prejudicar os parasitas, mas por fornecer um nutriente deficiente, que possibilitou a transformação de aminoácidos em proteínas. E como proteínas não são atacadas por pragas, as plantas se salvaram, ficando resistentes.

Quando ocorrem carências nutricionais nem sempre a adubação resolve. Pode ser que existam:

1. falta real do nutriente:

1.1. por causa do seu esgotamento no solo;

1.2. por causa de excesso do seu antagonista, como, por exemplo, a falta de cobre por excesso de nitrogênio; neste caso, a deficiência é induzida pela adubação nitrogenada;

1.3. por causa de variedades não ambientadas criadas para ecossistemas diferentes;

2. carência de oxigênio no espaço radicular, que diminui o metabolismo e, com isso, a absorção e o aproveitamento dos nutrientes (solos compactados e adensados);

3. falta de água para a absorção: faltam nitrogênio, boro, zinco e potássio, especialmente em períodos secos, mas normalizam com a chegada das chuvas;

4. excesso de calor do solo (acima de 32 °C), baixando ou impedindo a absorção;

5. vento; as plantas podem estar ricas em nutrientes, mas não metabolizam por causa da fotossíntese deficiente;

6. alta nebulosidade e umidade relativa do ar durante quatro dias consecutivos ou mais, reduzindo a corrente transpiratória e com isso a absorção de cálcio.

Em todos os casos, menos em 2, 4 e 5, uma adubação foliar pode ajudar a superar o problema. Porém, se faltar oxigênio por causa de compactação, somente o afrouxamento e a adubação orgânica podem ajudar. E se faltar fotossíntese, somente quebra-ventos resolvem.

Numa lavoura de 50 alqueires de feijão, que ostentava todos os sinais da falta de nitrogênio, foi feita uma adubação foliar com 2% de ureia. Dois dias mais tarde a lavoura estava morta.

Acontece que qualquer impedimento na formação de proteínas pode se manifestar como sendo deficiência em nitrogênio. Os feijoeiros tinham absorvido o suficiente em nitrogênio, até o nível suportável para as plantas. Mas, como o solo estava compactado ou adensado, não conseguiram metabolizá-lo. Com a adubação foliar, ultrapassou-se o nível tóxico de nitrogênio e os feijoeiros morreram intoxicados.

Tanto a falta de água quanto o excesso de temperatura podem levar a estragos sérios nas culturas, como foi mostrado no exemplo de pimenteiros que, capinados a limpo, mostraram a deficiência de enxofre e magnésio, mas quando o solo ao redor deles foi protegido contra a insolação, não apareceu deficiência alguma.

Num ensaio com alho, verificou-se que em solos mantidos com muito pouca umidade, no ponto do murchamento teórico (2,4 pF ou 15 atm. de tensão), o alho deu ainda uma colheita de 7 toneladas quando o solo foi coberto com palha. Parece que, nesta cultura, a irrigação serve mais para refrigerar do que para irrigar.

Em café, a cobertura morta aumenta sensivelmente a produção. O vento, tanto faz se é frio, quente ou morno, prejudica. Mesmo em solos ricos, as plantas podem ser fracas, com elevado teor de nutrientes na seiva e nas folhas, mas sem possibilidade de metabolizá-los. Faixas de quebra-ventos dobram a colheita.

O controle ecológico de pragas, portanto, é um controle integrado das causas em lugar de um controle sintomático dos sintomas.

Ele visa primordialmente:

1. *Restabelecer a sanidade do solo* e, com isso, seu vigor e seu potencial produtivo. Assim, se controla o metabolismo vegetal. As técnicas são idênticas das de recuperação e conservação biofísica do solo. Métodos mecânicos fazem pouco efeito.

2. *Aumentar a resistência vegetal* através do fornecimento dos nutrientes carentes, equilibrando as proporções entre os nutrientes. Preferem-se fertilizantes de pouca solubilidade. E como o balanço dos nutrientes é delicado, a matéria orgânica no solo, como poderoso tampão, ajuda a eliminar ou reduzir os desbalanços provocados.

Micronutrientes para equilibrar a nutrição vegetal e aumentar a resistência

Os micronutrientes têm dosagem difícil e pela literatura sabe-se, por exemplo, que sulfato de cobre pode ser eficaz com 2,5 kg/ha, sendo tóxico neste solo com 5 kg/ha, mas existem solos (geralmente orgânicos) na Austrália que recebem 250 kg/ha e o efeito ainda é pequeno. Quanto pior as condições biofísicas do solo, tanto mais quantidade de micronutrientes exige, por ser incapaz de aproveitá-los normalmente.

Para que eles façam efeito, necessita-se:

1. de matéria orgânica que os segure e mobilize na medida certa;
2. que as sementes os contenham suficientemente para a programação do metabolismo no momento do início da absorção fisiológica da água (adubação de semente pode ajudar);
3. que o metabolismo seja ativo com suficiente energia à disposição;
4. que sejam fornecidos em formas poucos solúveis como óxidos ou silicatados. Os micronutrientes rapidamente solúveis podem ter efeito tóxico no início da vegetação e faltarem mais tarde, por serem lixiviados.

A matéria orgânica não somente mobiliza micronutrientes para as plantas, mas nutre igualmente a microvida do solo, que forma os macroporos. Portanto, é responsável pelo oxigênio na rizosfera e pela eficiência do metabolismo. Sem matéria orgânica, o efeito dos micronutrientes será fraco.

A planta faz seu programa de formação de substâncias orgânicas com base nos nutrientes que encontra no momento da germinação, como foi dito acima. Se neste momento existirem micronutrientes, o programa será feito com eles e suas respectivas enzimas. Se a semente for pobre num micronutriente, o programa será feito sem ele, ou seja, lançando mão de uma programação de emergência (alternativa, "se"), onde se suprimem as substâncias que deveriam ser catalisadas com a ajuda de enzima ativada por esse micronutriente. O caso clássico é a falta de molibdênio em semente de couve-flor. A couve-flor apresenta todos os sintomas visuais da falta de molibdênio, com a formação de folhas estreitas, muitas vezes, somente apresentando a nervura principal quase sem limbo foliar. Adubando com molibdênio no solo ou via foliar não se altera nada no quadro visual. Mas, quando se analisa o tecido da planta, verifica-se que está rico em molibdênio. Ele foi absorvido mas não pôde ser utilizado. No entanto, se esta planta produzir sementes, estas serão bem providas com molibdênio e produzirão plantas normais, mesmo em solos deficientes deste elemento.

Usando-se micronutrientes na adubação, deve-se ter certeza de que a semente as contenha. Caso contrário, não farão efeito. Na dúvida, procede-se ao enriquecimento das sementes, polvilhando ou pulverizando-as levemente com o(s) elemento(s) em questão.

Tabela 11 – Enriquecimento de semente com micronutrientes

Semente	Nutriente	(%)	g por 10 litros de água
Algodão	Molibdato de amônio	0,01	2
Arroz	Sulfato de cobre ou sulfato de cobre e sulfato de zinco	1,00 0,80 0,20	100 80 20
Milho	Borax Sulfato de zinco	0,05 0,05	5 5
Trigo	Borax Sulfato de manganês	0,05 0,05	5 5
Feijão	Borax Sulfato de zinco	0,05 0,05	5 5
Soja	Molibdênio e cobalto	0,1	10

Em lugar dos micronutrientes esperados, pode-se usar também o enriquecimento com Skrill, que é uma solução de 35 minerais e que pode ser usado à base de 0,5 a 1,0%, ou seja, uma colher (sopa) para cada litro de água.

A adubação com micronutrientes pode ser feita em forma de óxidos ou óxidos silicatados, vendidos no mercado como FTE (*fritted trace elements*). Usam-se de 30 a 50 kg/ha.

Para o enriquecimento de sementes já existem vários produtos no mercado.

O efeito dos micronutrientes é maior em culturas precoces e semi-precoces e em caso de plantio fora da época.

Nos micronutrientes-traços, como molibdênio e cobalto, muitas vezes o enriquecimento da semente é o suficiente e não precisa mais da adubação.

Para a adubação foliar existem muitos produtos, por exemplo, cálcio-boro, zinco, misturas de cinco micronutrientes, incluindo ferro-cobre-boro-zinco-manganês, e com seis, adicionando-se ainda molibdênio. Também já existem muitos adubos enriquecidos com micronutrientes, especialmente com boro, zinco e cobre, que são os que mais faltam em nossos solos, especialmente nos cerrados.

Como evitar pragas e doenças

Em todo caso de adubação orgânica, seja ela de composto, estrume de gado, aves ou cavalos, palha, bagaço, torta-de-mamona, adubação verde, vinhaça com fosfato ou resíduos de biodigestor, carvão ou outros, deve acompanhar a adubação comercial. A razão não é a adição de minerais em forma orgânica, mas o controle da vida e a formação de macroporos para o funcionamento eficiente do metabolismo. É aconselhável se plantar as sementes junto com pó de carvão ou húmus seco, para que logo tenham uma vida benéfica ao seu redor.

No controle ecológico de pragas não se combate o parasita, mas se fortalece a planta e seu sistema radicular e a diversidade biológica no solo. Portanto, não se indicam os parasitas, como no combate orgânico, mas se indicam as culturas e seus problemas nutricionais.

Alfafa

Com baixa resistência, sendo atacada por várias pestes e pragas, é sinal de carência de molibdênio. A aplicação de 250 a 500 g/ha de molibdato de amônio ou de sódio evita isso. Também pode-se polvilhar a semente, antes do plantio, com 5 g de molibdênio em forma de óxido para cada saco de 40 kg de semente.

Algodoeiro

Seriamente atacado pela lagarta-rosada (*Pectinophora gossypiella*), que destrói seus capulhos, é enfraquecido pela monocultura e a queima de todos os restos orgânicos. A rotação de culturas e o retorno de bastante palha são as primeiras medidas a serem tomadas.

Normalmente, a lagarta somente ataca plantas com nutrição precária em fósforo e molibdênio. Uma adubação foliar com 0,02% de molibdato de sódio e 0,8% de fosfato foliar pode reduzir sensivelmente o ataque. Porém, se as sementes do algodão forem deficientes em molibdênio, a adubação foliar não faz efeito. O tratamento da semente como preventivo, com 0,02% de molibdato de sódio, que pode perfazer 20 g para a semente destinada a 1 ha, supre a deficiência e possibilita depois uma adubação foliar eficiente, ou também, a adubação do solo com 225 a 300 g/ha de molibdato de sódio ou amônio.

Arroz

A brusone (*Piricularia oryzae*) é uma das doenças mais temidas, tanto no arroz irrigado como no de sequeiro. É conhecida como "queimadura". Os norte-americanos chamam-no de *rotten neck* ou podridão do pedúnculo. Infecta tanto plantinhas novas como adultas e supõe-se que a infestação ocorra através de restos da cultura anterior, pelo vento, pela semente e pela água. O combate com fungicidas, muitas vezes, é pouco eficiente. Geralmente as plantas de arroz atacadas são mais verde-escuras e mais viçosas. Em seguida, aparecem manchas como que queimadas nas folhas, o que lhe deu o nome de queimadura. No arroz irrigado, é mais frequente em solos muito ácidos quando em estado drenado e com uma camada de "redução" pronunciada. Na análise foliar sempre aparece um desequilíbrio entre nitrogênio e cobre, com o último em déficit.

É importante eliminar a camada de redução que enfraquece o arroz, elevar o pH (do solo drenado e seco) por meio de uma calagem para 5,6 e equilibrar a proporção nitrogênio/cobre.

Uma drenagem boa do terreno, se for irrigado, e uma adubação orgânica com retorno de toda a palha, mesmo se for infestado por capim-arroz, e uma adubação com farinha de ossos ou um termofosfato para a palha, eliminam a camada reduzida, ou a compactação em solos comuns. Quando se mistura 2,5 kg/ha de sulfato de cobre ao adubo, é o suficiente para proteger o arroz da brusone, quando a semente estiver abastecida com cobre. Em caso de dúvida, pulveriza-se a semente com uma solução a 1% de sulfato de cobre.

Para a adubação, é vantajoso misturar, para cada tonelada de adubo, 50 kg de FTE. Não se deve carregar demais com nitrogênio. A colheita boa de arroz depende não somente do nitrogênio, mas especialmente, de um lastro adequado de cálcio e magnésio.

Podridão do colmo (*Helminthosporium sigmoideum*) aparece especialmente em solos arenosos no arroz de sequeiro. É tanto mais forte quanto mais elevada for a adubação nitrogenada. O uso de 500 kg/ha de escória-de-Thomas ou Yoorin e a pulverização da semente com uma solução de 2 a 3% de Skrill evitam a doença.

Aveia

Ocorre facilmente uma infestação bacteriana nas lesões formadas pelo aparecimento da deficiência em manganês. Evita-se isso com a pulverização das sementes com 0,1% de sulfato de manganês e 5 a 8 kg/ha de sulfato de manganês ou de 30 kg/ha de FTE na adubação de solo. Em solos muito arenosos, justamente os mais usados para aveia, ou em terras que receberam uma calagem elevada, como para soja, a carência de manganês seguida pela infecção é frequente.

Batatinha-inglesa

A doença mais comum é a fitoftora (*Phytophtora infestans*), que aparece especialmente em campos com pronunciada deficiência em potássio e fósforo e excesso em nitrogênio. O excesso em nitrogênio deprime a absorção de potássio, cálcio e magnésio, elementos que são responsáveis pela resistência da planta. Da absorção suficiente de potássio depende a ação dos micronutrientes zinco, lítio e iodo, essenciais na prevenção de fitoftora, que vive de substâncias nitrogenadas.

Como todas as plantas da família das solanáceas, a batatinha precisa de muito potássio, mas não gosta de cloro. Sulfato de potássio é muito mais vantajoso que cloreto de potássio.

Importante é a aplicação de matéria orgânica no campo onde se pretende plantar batatinha, bem como cuidar de níveis suficientes de cálcio e magnésio (calagem de 800 kg/ha), potássio e fósforo. Sarna é consequência da deficiência de boro.

Cafeeiro

A ferrugem (*Hemileia vastatrix*) é uma das doenças mais comuns em cafezais. A perda de folhas e a morte dos ponteiros reduzem drasticamente a produção. Geralmente, é combatida com fungicidas cúpricos, como a calda-bordalesa. Após cargas elevadas, a ferrugem aparece mais intensamente, aproveitando o enfraquecimento fisiológico dos pés (esgotamento do nitrogênio e mais ainda do potássio). Porém, existem pessoas que se dedicam à recuperação de cafezais abandonados por causa da ferrugem. Fazem isso com adubação orgânica, tanto faz se é esterco de gado ou de galinha ou torta-de-mamona, ou simplesmente, uma adubação verde com lab-lab, e pulverizam os cafeeiros duas vezes ao mês com uma solução de 2% de Skrill, que são micronutrientes. Os cafezais se recuperam completamente e tornam a ser produtivos.

Nematoides (*Meloidogyne incognita* e *M. exigua*) são uma praga séria em cafezais, especialmente em solos arenosos, onde podem aniquilar a cultura. Uma adubação verde com lab-lab ou feijão-de-porco controla os nematoides. Porém, não se pode deixar faltar fósforo, cálcio e magnésio aos cafeeiros. Escória-de-Thomas ou Yoorin deve ser aplicado bianualmente.

Feijoeiro

A mosca-branca (*Bemisia tabaci*) aparece especialmente no cultivo da seca e do calor, plantado de janeiro a fevereiro. As plantas picadas pela mosca são infectadas pelo vírus-dourado, que pode eliminar a lavoura. O combate da mosca é difícil e leva à aplicação de Lorsban ao solo e a pulverizações de quatro em quatro dias, uma vez que a mosca já ataca as plantinhas ao emergirem. Deve-se ter como regra de nunca plantar o feijão em solo deficiente em cálcio. Uma calagem protege largamente a cultura contra o vírus. Uma adubação foliar com 1 kg/ha de bórax (mais ou menos 0,5%) deixa o feijoeiro frutificar normalmente em caso de infecção regular. Em plantios tardios (fevereiro) não faz mais efeito.

Girassol

O míldio (*Bothrytis* sp.) ataca facilmente essa cultura. O girassol é uma planta muito exigente em cálcio e boro. Recebendo de 3 a 5 kg/ha de bórax junto com a adubação e conforme o solo seja arenoso ou argiloso, o míldio não aparece.

Hévea ou seringueira

Oidium ataca facilmente as seringueiras, conforme a região e o clone usado. No Brasil, isso ocorre especialmente nas regiões mais frias como São Paulo, em árvores enxertadas e copas resistentes ao "mal-das-folhas". Em regiões mais quentes aparece a "requeima" (*Phytophtora palmivora*), que pode ser devastadora, causando a queda das folhas e dos frutos e a seca dos ponteiros, bem como a podridão do painel de sangria.

O problema é sempre o mesmo: a falta de zinco; 3 a 5 kg/ha de óxido de zinco ou 20 a 30 kg/ha de FTE reduzem consideravelmente o aparecimento e os danos pelo fungo. Fundamental é, porém, existir o suficiente em matéria orgânica no solo. Pode ser uma adubação verde. A consorciação de hévea com centrosema e guandú, que se roça para a adubação orgânica, é essencial. Também pode ser um plantio intercalado com leucena, usando-se seus galhos cortados para a adubação orgânica.

Melancia

Melancia e outras cucurbitáceas sofrem facilmente de míldio (*Oidium*). É somente a deficiência em boro. Bórax, junto com a adubação ou uma pulverização com micronutrientes foliares com predominância de boro, debelam esse mal. As melancias são mais saudáveis e mais doces quando recebem o suficiente em magnésio. Também a consorciação com milho as beneficia.

Batata-doce

A sarna (*Streptomyces ipomoeae*) é somente a deficiência em boro. Ácido bórico misturado ao solo evita isso (3 kg/ha).

Milho

Helminthosporiose é uma das doenças mais comuns no milho e, nos EUA, a mais devastadora. Aparece em manchas grandes nas folhas mais velhas e, em casos graves, espalha-se pela planta inteira. O potássio aumenta a resistência ao fungo, enquanto a calagem a diminui, por competir na absorção do potássio, em solos precariamente abastecidos com este nutriente. Em solos bem providos com potássio, o cálcio aumenta a resistência da planta. Uma adubação com zinco, manganês e iodo e o estabelecimento do equilíbrio potássio/cálcio evitam a doença. O tratamento da semente do milho com micronutrientes (0,05%) e FTE junto ao adubo é a maneira mais indicada para evitar a doença.

Lagarta-do-cartucho (*Spodoptera frugiperda*) e a podridão-seca-da--espiga (*Diplodia maydis*) têm a mesma origem: a baixa resistência da planta carente em boro. O que é diferente é somente a época em que a carência aparece. Uma pulverização da semente com 0,05% de bórax e a adubação com um borato pouco solúvel, como FTE, evitam estes males. Ao mesmo tempo, os grãos do milho tornam-se mais ricos em proteínas, são vítreos e bem mais pesados do que os de milho não tratado com boro.

A conservação destes grãos também é muito melhor, carunchando muito menos.

Lagarta-elasmo (*Elasmopalpus lignosellus*) vive perto do colmo, um pouco abaixo da superfície da terra. Ataca as plantas novas, durante a noite, no colo da raiz. Pode seccionar muitas plantinhas antes de atingirem a altura de 20 cm.

Mas ela ataca somente o milho, que, depois da emergência, para com seu crescimento, ficando 10 a 15 dias estacionário antes de reiniciar novo crescimento. É o que os caboclos chamam de "milho de dois crescimentos". Neste período de dificuldades do milho, a Elasmo ataca. Se as sementes forem ricas em zinco, o milho não estaciona e a Elasmo não ataca.

Um enriquecimento das sementes com sulfato de zinco com uma solução de 0,05% ou polvilhadas com 5 a 8 g de óxido de zinco por saco de semente evitam o ataque da Elasmo, por fortalecer as plantinhas do milho. Milho facilmente sofre da deficiência em zinco.

Parreira

A cochonilha não somente ataca diversas variedades de parreiras, mas também árvores frutíferas e florestais, leguminosas e capins e plantas ornamentais, sugando em raízes e galhos. Existem muitas espécies de cochonilhas, mas todas têm uma coisa em comum: somente atacam as plantas deficientes em cálcio. Em solo com um nível de 3 a 4 $cmol_c/dm^3$ de cálcio, as cochonilhas não atacam, a não ser que o nível de cálcio seja desequilibrado por um excesso de potássio ou magnésio, ou se a planta tiver problemas metabólicos. Uma adubação verde com tremoço e uma calagem curam as parreiras.

Soja

Em terras "velhas de cultura", a soja é um verdadeiro ambulatório de pragas e doenças, ao mesmo tempo que o amendoim-bravo (*Euphorbia heterophylla*) se torna uma invasora cada vez mais persistente.

Alguma coisa mudou: algum nutriente se esgotou! E quanto mais compactada ou adensada a terra, tanto menos efeito fazem as adubações.

No Paraná, numa terra de soja destinada a ser abandonada por causa dos rendimentos baixos que aí se conseguiam, foi plantada uma variedade semiprecoce pulverizando-se a semente com uma solução de 0,1% de cobalto + molibdênio. O resultado foi que rendeu 25% mais do que a mesma variedade em terra melhor, mas sem enriquecimento da semente. Também o ataque por parasitas foi pouco. A rotação com colza tem efeito muito positivo. Na soja, também uma adubação com cálcio foliar consegue aumentar a colheita em até 20%, aumenta a resistência das plantas e diminui as pragas.

Tomateiro

É alvo de inúmeras doenças fúngicas, viróticas e bacterianas. Como necessita de terra rica em cálcio e potássio, uma aplicação de gesso (sulfato de cálcio) até 5 t/ha aumenta a resistência das plantas, o efeito dos fungicidas e, portanto, requer muito menos aplicações.

A virose "vira-cabeça" está intimamente ligada à carência de cálcio e não ocorre em tomateiros bem abastecidos deste elemento. O problema não é a neutralização do pH, mas o fornecimento do nutriente cálcio. O tomateiro cresce melhor em solos com 5,0 $cmol_c/dm^3$ de cálcio.

As doenças bacterianas geralmente diminuem consideravelmente com a aplicação de magnésio, sendo a forma melhor aplicar a cinza de madeira. A adubação com magnésio, como em forma de Ka-Mag, um composto de potássio e magnésio com enxofre, é favorável. O vigor das plantas aumenta muito quando são regadas com resíduo do biodigestor, de modo que praticamente não adoecem. De qualquer maneira, necessitam de uma adubação orgânica. Quando adubado com muito nitrogênio, necessitam de cobre.

Trigo

O combate da ferrugem (*Puccinia graminis tritici* sp.), da qual existem inúmeras espécies, tornou-se difícil. Como no trigo, todas as doenças fúngicas estão ligadas ao nitrogênio, seja ele orgânico ou químico; um desequilíbrio com o cobre é patente. Uma adubação verde, por exemplo, com mucuna, e uma adubação com cobre, boro e manganês, evitam a ferrugem. O mais simples é o uso de 30 kg/ha de FTE de uma fórmula rica em manganês. O adensamento do solo, que limita o desenvolvimento radicular, e resseca e esquenta mais facilmente, enfraquece as plantas que ficam mais suscetíveis às ferrugens (colmo, folhas, arista).

Besouro serrador

(*Oncideres impluviata*) é uma praga temida nas plantações de acácia-negra. Mas aparece não somente na floresta, cortando igualmente galhos de abacateiros, mangueiras, uva-japonesa, *Bauhinia* e outras.

Observou-se, porém, que somente ataca árvores com latente ou declarada carência de magnésio. Seu controle se faz, portanto, pela adição de magnésio ao solo, bem como adubação foliar em pomares.

Saúvas (*Atta sexdens* e *A. spp.*)
São uma praga em todo Brasil, cortando tanto folhas de árvores como de flores, de cana e de pastagens, podendo acabar com um alqueire de capim-colonião numa noite. Em pomares e florestas, sempre desfolham as mesmas árvores enquanto não tocam em outras, mesmo se forem todas grevilhas, ou todas laranjeiras etc. Isso deixa supor que mesmo a saúva obedece à lei de não eliminar o que estiver em pleno vigor.

Em pomares, plantações de roseiras e hortas, a adubação orgânica e a aplicação de Skrill na terra, 20 ml por pé, repetindo de duas em duas semanas, durante 2 meses, protegem as plantas do ataque. Qual o nutriente deficiente, não se sabe ainda. Sabe-se somente que a formação de proteínas é deficiente.

O controle ecológico de pragas possui uma vantagem muito grande sobre todos os outros métodos de controle ou de combate: ele aumenta a resistência das plantas, criando melhores condições de vida e nutrindo-as melhor. Com isso, as culturas não somente ficam livres de pragas e doenças, mas igualmente produzem muito mais, com grãos mais pesados, mais ricos em proteínas e com frutos de maior durabilidade e melhor aroma. Sobe o seu valor biológico e com ele o nutritivo.

E como o controle da vida do solo implica melhoramento biofísico do solo, no decorrer do tempo, é o método melhor de conservação e recuperação dos solos. Aumenta a infiltração da água e contribui para o abastecimento das fontes e vertentes e dos rios, evitando erosão e enchentes e os consequentes veranicos e secas.

O controle ecológico mexe com o todo e, portanto, acarreta um melhoramento geral das condições locais e ambientais.

Assim, um arroz com controle ecológico de brusone não somente aumentou a colheita de 85 sacos por quadra quadrada (1,7424 ha), para 411 sacos, mas igualmente forneceu um produto de melhor qualidade, com maior rendimento na máquina e menos grãos quebrados. O mesmo ocorre com todas as culturas.

Controle ecológico é equilibrar os fatores integrantes dos ecossistemas e o restabelecimento das condições mais favoráveis para a produção vegetal.

Resumo

No controle ecológico, parte-se da premissa de que uma vida múltipla e ativa no solo impede o desenvolvimento de pragas e doenças, em função de um controlar o outro. Por outro lado, somente plantas suscetíveis são atacadas por parasitas e patógenos.

Fungos são atraídos por açúcares simples e substâncias nitrogenadas que circulam na seiva, e insetos dependem geralmente de aminoácidos livres. Proteínas não são atacadas. Acelerar o metabolismo significa tirar estas substâncias em excesso de circulação e, com isso, diminuir o perigo de ataque parasita, em nível de dano econômico.

O metabolismo ativo depende:
1. da presença de suficiente ar (oxigênio) no solo;
2. da presença de suficientes enzimas (em geral usam micronutrientes).

O ar consegue-se pelo retorno de matéria orgânica à camada superficial do solo, onde contribui para a formação de macroporos, ou seja, de poros de arejamento e infiltração de água. Com isso, igualmente constitui a medida mais eficaz contra a erosão.

As enzimas dependem da adição de micronutrientes e, às vezes, do equilíbrio dos macronutrientes.

Todas as medidas de controle ecológico de pestes e pragas aumentam as colheitas, melhoram a qualidade do produto, aumentam o valor nutritivo, baixam os custos de produção, aumentam a vida de prateleira e diminuem drasticamente pragas e pestes.

Ao mesmo tempo, conservam e recuperam o potencial produtivo dos solos. Não se necessita mais entregar as terras decaídas à natureza para recuperação (deixar em pousio).

A agricultura se torna menos arriscada, mais segura e mais lucrativa.

São os equilíbrios ecológicos que devem ser restabelecidos, com seus serviços ecossistêmicos essenciais!

Parasitas no gado

Vale a regra de que os parasitas no gado são tanto mais abundantes quanto mais fraca e menos nutritiva for a pastagem. Nutritivo e volume nem sempre são sinônimos. No cerrado, o gado pode ter mais berne em pasto limpo de *Brachiaria* do que no pasto nativo, sujo, no cerrado.

Os carrapatos aumentam nos pastos com o número de queimadas. *Bernes* podem diminuir sensivelmente e até desaparecer quando o gado receber esterco de galinha de postura, fermentado durante três semanas sob um plástico para matar todos os germes e eliminar o cheiro desagradável. O produto final tem de ser esbranquiçado e solto.

Também a mistura de 10 a 15% de ureia pecuária ou 8% de ureia comum ao sal controla os bernes.

Para gado de corte, misturando-se flor-de-enxofre ou sulfato de magnésio ao sal, na base de 0,5 a 1,0%, e que, conforme o gado e o pasto, tem de ser diminuído ou aumentado, faz a pele animal mais resistente e os bernes existentes secarem. Para gado de cria não pode ser usado.

Verminose é tanto mais intensa quanto mais pobre for a alimentação em proteínas. Num ensaio com ovinos, onde um lote de 10 animais recebeu uma suplementação de 200 g/cabeça de milho orgânico e foi manejado em pastejo rotativo, enquanto o outro lote não recebeu suplementação e foi manejado em pastejo contínuo. Enquanto o lote 2 já tinha recebido vermífugo por três vezes e seu índice de vermes nas fezes era elevado, o lote 1 ainda não tinha recebido nenhum vermífugo por ter poucos vermes revelados na contagem. Portanto, o melhor combate a vermes são leguminosas no pasto e um manejo rotativo, que somente deixa o gado entrar quando o verme já morreu, o que ocorre mais ou menos após quatro semanas. Para maior segurança, pode-se colocar umas pedrinhas de flor-de-enxofre no bebedouro.

O gado pode ser selecionado para o pasto existente, tendo um aproveitamento muito melhor. A seleção se faz em base de matriz, deixando somente as vacas que melhor suportaram a época adversa para a procriação.

Pastagens mistas sempre são mais vantajosas que monoculturas. Somente têm bezerros de crescimento rápido quando as vacas, nos últimos dois meses, receberem uma suplementação de milho "rolão" ou feno de leguminosas ou um pasto rico, para que os bezerros nasçam fortes e vigorosos. É "pela boca que se faz a raça!".

BIBLIOGRAFIA CONSULTADA

ACARPA. Programa Integrado de Conservação dos Solos. Embrater.
ALMEIDA, F. S. Effect of some winter crop mulch on the soil weed infestation. In: BRITISH CROP PROTECTION CONFERENCE-Weeds, 5, Brighton Metropole, England, 1985. Proceedings ... Brighton Metropole, Weeds, 1985. V. 2, p. 651-659.
ALMEIDA, F. S. *A alelopatia e as plantas*. Londrina: IAPAR, 1988. 60p. ilust. (IAPAR. Circular, 53)
AUBERT, C. *Agriculture Biologique*. Paris: Courrier du Livre, 1978.
BALOGH, J. *Lebensgemeinschaften der Landtiere*. Berlin: Akademie Vlg, 1958.
BARNES, K.K.; CARLETON, W.M.; TAYLOR, H.M.; THROCKMORTON, R.T.; VANDEN BERG, G.E. (Eds.) *Compaction of agricultural soils*. St.Joseph, Michigan: American Society of Agricultural Engineers,1971.
BARROS, W. D. de. *Plantas na Conservação dos Solos Brasileiros*. Emater - BA, 1961.
BELTRAME L. F. S. e TAYLOR J. C. "Causas e Efeitos da Compactação do Solo". *Lavoura Arrozeira*, v. 33, n. 318, p. 59-62, 1980.
BERGMANN, W. *Farbatlas: Ernährungsstörungen bei Kulturpflanzer*. 2ª ed. Jena: Fischer, 1986.
CADERNOS DA AMAZÔNIA. CEPLAC - Ministério da Agricultura, 1981.
CHABOUSSOU, F. *Les Plantes Malades de Pesticides*. Paris: Debard, 1981.
CHARBONNEAU, J. P. et al. *Enciclopédia de Ecologia*. São Paulo: USP, 1979.
DEMETER. Informações, Botucatu/SP.
DEMOLON, A. *Principes d'Agronomie I, Dynamique du Sol*. Paris: Dunod, 1960.
DHAR, N. R. *World Food Crisis and Land Fertility Improvement*. Calcutta: Univ. Press, 1972.
DORST, J. *Antes que a natureza morra*. São Paulo: Blücher/USP, 1973.
DREGNE, H. F. 1986. Desertification of arid lands. *In*: El-Baz , F.; Hassan , M.H.A., ed., *Physics of desertification*. Dordrecht, The Netherlands: Martinus, Nijhoff, 1986. (em: http://www.ciesin.org/docs/002-193/002-193.html)
EMBRAPA. Síntese da 1ª Reunião sobre Plantio Direto, Ponta Grossa/PR, 1977.
ENCONTRO Nacional de Adubação Verde. Rio de Janeiro, 1983.

FERNANDES, M. R. e RODRIGUES, R. A. *Água, solo, vida*. 2ª ed. Belo Horizonte: Emater - MG, 1980.
FLORENZANI, G. *Elementi de Microbiologia dei Terreno*. Roma: Ramo Editor d' Agricoltori, 1972.
FUNDAÇÃO CARGILL. Adubação Orgânica, Adubação Verde e Rotação de Culturas do Estado de São Paulo, 1983.
FONARI, E. *Agricultura Alternativa*. 2ª ed. São Paulo: Sol Nascente, 1984.
GHILAROV, W. S. *Zoologische Methoden der Bodendiagnose*. Moscou: Nauka, 1965.
_____. "Chemical ecology". *Ekologija*, n. 11, p. 110-112, 1972.
GOVERNO do Território Federal de Fernando de Noronha. Planejamento Agrícola. Primeiro relatório conclusivo. Ed. Governo do Estado de São Paulo, 1981.
GRACIANO NETO, F. *Questão Agrária e Ecologia*. São Paulo: Brasiliense, 1982.
_____. *Uso de Agrotóxicos e Receituário Agronômico*. São Paulo: Agroedições, 1982.
HALLER, V. W. *Die Wurzeln der gesunden Welt*. Stuttgart: Boden & Gesundheit, 1975.
IAPAR. Relatório Técnico Anual, 1977.
IFOAM. *Cadernos Informativos*. Stiftung Ökologischer Landbau, KarIsruhe, 1985-1986.
KÜHNEL T. W. *Grundrisse de Oekologie*. Fischer: Jena, 1985.
LORENZI, H. Inibição alelopática de plantas daninhas. In: FUNDAÇÃO CARGIL. *Adubação verde no Brasil*. Campinas: Fundação Cargil, 1984, p.183-198.
LORUS, J. e MILNE, M. *The Balance of Nature*. New York: A. Knopf, 1960.
MALAVOLTA, E. e KLIEMANN, H. J. *Desordens Nutricionais no Cerrado*. Piracicaba: Potafos, 1985.
MALAVOLTA, E. *On the Mineral Nutrition of Some Tropical Crops*. Berne (Suíça): Potassa, 1961.
MIKKO SILLAUPPA. Trace Elements in Soil and Agriculture. *FAO Soil bulletin* 17. Roma, 1972.
MINISTÉRIO DA AGRICULTURA. *Livro Anual de Agricultura*. Brasília, 1968.
MOLINA, J. S. *Tranqueras Abertas*. Buenos Aires: El Ateneo, 1986.
MONTEIRO de, F. C. A. *A Questão Ambiental no Brasil*. São Paulo: USP, 1986.
PASCHOAL, A. *Pragas, Praguicidas e a Crise Ambiental*. Rio de Janeiro: Fundação Getúlio Vargas, 1982.
PHILBRICK, H. e GREGG, R. *Companion Plants*. The Devin. Adair Co. Old Greenwich, Con., 1978.
PONTIFÍCIA ACADEMIA Semana de Estudos Sobre: "Matéria Orgânica e Fertilidade do Solo". Roma, 1968.
PLANTIO DIRETO. *Jornal Informativo*. Ponta Grossa: Embrapa.
PRIMAVESI, A. *Manejo Ecológico do Solo*. 9ª ed. São Paulo: Nobel, 1986.
_____. *Manejo Ecológico de Pastagens*. 2ª ed. São Paulo: Nobel, 1986.
PRIMAVESI, A. e PRIMAVESI, A. M. *A Biocenose do Solo*. Santa Maria/RS: Palotti, 1964.
_____ e _____. *Deficiências Minerais em Culturas*. Porto Alegre: Globo, 1965.
PUNDEC, M. *Manual de Conservação do Solo*. Florianópolis: Acaresc, 1977.
REVISTA GLOBO RURAL, de 1986/1987, Rio de Janeiro.

REVISTA GRANJA, de 1976/1986, Porto Alegre.
REVISTA BRASILEIRA DE TECNOLOGIA do CNPq de 1984/1985.
SCHMID, O. e HENGGELER, S. *Biologischer Pflanzenschutz im Garten*. Suíça, Wirz: Aarau, 1979.
SCHUTTE, K.H. *The Biology of Trace Elements*. London: Crosby & Lockwood, 1964.
SEIFERT, A. *Ackern Ohne Gift*. 6ª ed., Munique: Biederstein, 1974.
SEÓ, E. H. *Unidade de Vida*. São Paulo: Espade, 1984.
SPRAGUE, H. *Hunger Signs in Crops*. 4ª ed., New York: David Mc-Kay CO., 1951.
TROLLDENIER, G. *Die Bedeutung der Rhizosphärenorganismen für die Pflanze*. Landw. Forsch. 15 Sonderheft, 1961.
VOISIN, A. *Produtividade do Pasto*. São Paulo: Mestre Jou, 1978.
_____. *A Tetania do Pasto*. São Paulo: Mestre Jou, 1978.
WALLACE, T. *The Diagnosis of Mineral Deficiencies in Plants*. London, H. Majest. Station. Office, 1961.
UNESCO. Seminário Regional de Estudos Integrados sobre Ecologia. Montevidéu, 1970.

GRÁFICA PAYM
Tel. [11] 4392-3344
paym@graficapaym.com.br